식물을 미치도록 사랑한 남자들

Original Title: Uomini che amano le piante. Storie di scienziati del mondo vegetale

Texts: Stefano Mancuso

Illustrations:

Where not otherwise stated images belong Archive Giunti.

Courtesy of Stefano Mancuso (pp. 14, 31, 32, 41, 45, 48, 51, 59, 60, 69, 72, 74, 75, 80, 109, 111, 114, 117, 134, 139, 142, 147, 148, 154, 161, 168, 178, 183, 186, 192, 202, 205, 216, 221, 223, 227, 228, 231) and color pictures (pp.121~128).

p.51 © Humboldt – Universitaet zu Berlin/Bridgeman Images

p.111 © The Print Collector/Corbis

p.142 © The Granger Collection

p.231 © DeA Picture Library

식물을
미치도록
사랑한
남자들

스테파노 만쿠소 지음 | 김현주 옮김
류충민(한국생명공학연구원 박사) 감수

푸른
지식

이 도서의 국립중앙도서관 출판시도서목록(CIP)은 e-CIP홈페이지(http://www.nl.go.kr/ecip)와
국가자료공동목록시스템(http://www.nl.go.kr/kolisnet)에서 이용하실 수 있습니다.(CIP제어번호 : CIP2016001398)

옮긴이 **김현주**
한국외국어대학교 이탈리아어과를 졸업하고, 이탈리아 페루지아 국립대학과 피렌체 국립대학 언어
과정을 마쳤다. EBS의 교육방송 일요시네마 및 세계 명화를 번역하고 있으며, 현재 번역 에이전시
엔터스코리아 출판기획 및 전문 번역가로 활동하고 있다.

식물을 미치도록 사랑한 남자들

초판 1쇄 발행 2016년 2월 2일
초판 2쇄 발행 2017년 6월 20일

지은이 스테파노 만쿠소
옮긴이 김현주
감수자 류충민
펴낸이 윤미정

책임편집 차언조
홍보 마케팅 이민영

펴낸곳 푸른지식 **출판등록** 제2011−000056호 2010년 3월 10일
주소 서울특별시 마포구 월드컵북로 16길 41 2층
전화 02)312−2656 **팩스** 02)312−2654
이메일 dreams@greenknowledge.co.kr
블로그 greenknow.blog.me

ISBN 978−89−98282−33−2 03400

식물을 사랑한 나의 스승 프랑코 스카라무치에게 이 책을 바칩니다.

자연을 세심하게 관찰하고 사랑한 사람들의 빛나는 기록

이 책의 주인공들에 대한 상당히 신빙성 있는 자료를 살펴보기에 앞서, 제가 이런 이야기를 쓰게 된 동기를 짧지만 명확하게 독자에게 설명하려 합니다. 잠시 후 이 책에서 여러분이 만나볼 사람들은 한 가지 공통점이 있습니다. 흔하지는 않지만 과학자라면 반드시 갖추어야 할 능력이 있다는 건데요, 이 능력은 바로 우리를 둘러싼 사물, 특히 생명과 관련한 독특한 일들을 볼 줄 알고 그런 것들이 어떤 것에 관여하는지에 주의를 기울일 줄 안다는 겁니다. 제 개인적인 생각으로는, 훌륭한 자연과학자라면 사물을 존중하는 마음으로, 사랑을 담아 관찰하고 조사하고 이해하는 법을 배워야 합니다. 이 책에서 소개되는 다양한 이야기의 주인공들은 모두 이런 능력이 있답니다. 저는 연구하다가 혹은 우연한 기회에 이 책의 주인공들을 접했고, 지난 세월 동안 이 모든 인사와 친분도 생겼습니다. 만남의 자리가 잦은 것은 아니지만, 항상 이들을 마음 한구석에 잘 간직해왔어요. 약간 친구 같은 느낌이라고 할 수 있겠네요. 이들 중에는 특히 제가 정말 호감이 가서 오랫동안 정을 쌓은 분도 있지만, 모든 분이 훌륭한 일을 하셨기에 제가 무척 존경하고 개인적으로 감사하는 마음이 있습니다. 이 책을 통해 제가 한 분, 한 분에 대한 이야기를 잘 풀어나갈 수 있기를 바랄 뿐입니다.

이 책에 소개한 인물 중 몇 명은 세상의 선입견과 편견을 비롯한 수많은 난관을 극복해야 했습니다. 그들 외에 다른 이들은 목표 달성을 뛰어넘어 더 큰 성과를 거둔 진정한 영웅이 됐죠. 어쨌든 저는 이 모든 분에게 가르침을 받아 감사할 따름입니다. 그리고 다른 연구가와 전문가, 혹은 식물을 사랑하는 일반인이 이 책에 실린 이야기들을 읽으면서 제가 글을 쓰게 된 이유를 느낄 수 있기를 바랍니다. 이 책에 등장하는 과학자들은 모두 저 너머를 바라볼 용기가 있었습니다. 어떻게 보면 선견지명이 있는 선각자들이었죠. 이들은 식물을 시작으로, 아니 식물을 사랑하면서 세상을 조금씩 바꿔놓았습니다. 물론 세상을 바꾸는 방법은 여러 가지가 있겠지만, 저는 이처럼 매력적인 방법은 또 없을 것 같네요.

원고를 마감했을 때 출판사에서 피렌체대학 국제식물신경연구소(www.linv.org, 일본에도 지점이 있어요.)에서 진행하는 연구에 대해 뭔가를 더 추가해달라고 하더군요. 이 연구소는 제가 2005년에 창설해서 지금까지 운영하는 곳이랍니다. 그런데 여러분이 출판사라는 곳에 대해 무엇을 아는지 모르겠지만, 저는 출판사가 언제나 독자 여러분만을 위한 곳이기를 바랍니다. 어쨌든, 여러분에게 혜택이 돌아가든 그렇지 않든, 어떤 출판사나 여러분이 한 권의 책이 성공하는 데 보탬이 될 수 있다는 확신이 들면 여러분에게 매달리지 않을 수 없습니다. 적어도 제게는 그렇더군요. 그리고 출판사에서는 근래 제가 과학 분야에서 흥미를 두는 내용이 반드시 책에 들어가야 하고, 또 그러므로 제가 독자 여러분에게 반드시 해파리 바지선 계획에 대해 무엇인가를 이야기해야 한다고 생각했어요. 저희는 국제식물신경연구소의 연구가와 학자, 그리고 싱크탱크 피나트Pnat(www.pnat.net)의 스핀오프spin-off와 함께 자체적 부유 온실 프로젝트를 개발했습니다. 모쪼록 이 프로젝트가 점점 더 우리 지구를 염려스럽게 하는 식량 부족 문제를 해결하는 데 효과적인 대안을 제공할 수 있기를 바랍니다. 식물 생산을 위한 이 부유 온실은 토양과 물, 에너지와 같은 식물 성장에 필요한 요소들이 전혀 필요 없는 공간입니다. 설명하자면, 바다 위에 떠 있어서 땅을 점유할 필요가 없고, 물에 뿌리를 내리고 있으니 단물을 소비하지도 않죠. 그리고 태양과 바다의 너울을 통해 필요한 에너지를 모두 얻으므로 에너지 부분에서는 완전히 독립적이라 할 수 있습니다. 현재 전 세계 인구는 기하급수적으로 꾸준히 증가하고 있습니다. 향후 몇 십 년 동안은 이 인구를 먹여 살리는 일이 중요한 문제가 될 겁니다. 이 문제를 해결하려면 이 책의 주인공들 대부분에게 있었던 것과 같은 선견지명의 능력이 필요하죠. 국제연합 식량농업기구는 인구 증가율과 식습관, 소비 수준의 변화를 고려할 때 2050년도에는 농업생산량이 70퍼센트 증가해야 할 것으로 전망했습니다(2050년도의 인구수는 93억에 이르게 될 거예요). 제가 생각하기에 농산물 생산량이 그 정도 증가하려면 바다를 농작물 생산지로 삼는 것부터 시작해 농업에 대한 우리의 생각 자체를 바꿔야 합니다. 공상과학 같은가요? 그렇지 않습니다. 간단한 습관의 변화, 혹은 새로운 비전의 제시만으로도 가능한 일이에요. 이 책의 주인공(농경학자, 식물학자, 유전학자, 철학자, 자연주의자) 대부분은 과학 연구를 고집스럽게 신봉하고 또 과학 기술을 인간의 활동에 적용하기 시작했는데, 바로 이러한 관점의 변화를 이루기만 하면 됩니다.

스테파노 만쿠소

차 례

2장

3장

1장

"1890년도에 대학에서 흑인을 받아들이는 것은 절대 간단한 일이 아니었다. 아니, 정확히 말하면 당시 수십 년 동안 인종 간의 분리와 차별이 계속된 미국과 같은 나라에서 흑인이 대학에 입학하는 일은 단 한 번도 없었다. 지금 우리는 1890년도의 이야기를 한다는 것을 잊지 말자. 미국 고등법원에서 대학이 피부색으로 입학을 거부할 수 없다는 판결을 내리기 65년 전이다." - 조지 워싱턴 카버 중에서

그림 1. 니콜라이 이바노비치 바빌로프

최초의 씨앗 은행 설립으로
기아 퇴치를 꿈꾸다 굶어 죽은 혁명가

니콜라이 이바노비치 바빌로프(Nikolai Ivanovic Vavilov, 1887~1943)

니콜라이 이바노비치 바빌로프는 1887년 11월 25일 모스크바의 부유한 상인 집안에서 태어났다. 원래 찢어지게 가난한 농부였던 그의 아버지 이반Ivan은 멋진 목소리 덕분에 열 살에 외딴 시골 마을을 벗어나 모스크바에 입성할 수 있었다. 어느 교회에서 성가대에서 노래해달라는 요청을 받았던 것이다. 이 일을 계기로 바빌로프 가문의 재물 복이 터지기 시작한다. 모스크바에서 이반은 특별히 어느 기관에 소속되지 않은 상태에서도 유난히 돋보이는 타고난 재능 덕분에 단기간에 소련에서 내로라하는 섬유 업계 대기업의 공동 소유주이자 운영자의 자리까지 올라선다. 그는 슬하에 둔 두 아들 중 한 명은 가업을 이어받기를 바랐지만, 둘 다 유명한 과학자가 된다. 장남 니콜라이는 식물유전학(식물의 유전 현상을 연구하는 학문-편집자)의 창시에 가담했다. 또한, 둘째 세르게이Sergei는 재능 있는 물리학자로 수십 년간 소비에트 연방공화국과학대학 학장을 지내고, 바빌로프·체렌코프 효과 (Vavilov-Cherenkov Effect, 대전된 입자가 매질에서 빛의 속도보다 더 빨리 움직일 때 전자기파를 방출하는 효과-역자)를 공동 발견해 1958년 노벨물리학상을 받는다. 그러나 안타깝게도 생전이 아니라 세르게이가 사망한 지 7년이 지난 후에 수상이 결정된다.

니콜라이 바빌로프는 1906년, 상업학교에서 학위를 취득하고 러시아에서 가장 수준 높은 교육 기관으로 정평이 난 모스크바농업대학에 입학하면서부터 과학인으로서 경력을 쌓기 시작한다. 과학계 입문 초기부터 니콜라이는 엄청난 열의와 탁월한 능력으로 두각을 드러냈다. 그는 1908년에는 캅카스(Kavkaz, 러시아 남부의 지역명. 흑해와 카스피 해 사이에 있는 지역. 백인의 기원이 되는 곳으로 알려졌다.-역자) 탐사 여행에 참여하고, 1909년에는 다윈 이론에 관한 논문을 쓴다. 그리고 1910년에 병원균으로부터 농작물을 보호하는 방법에 관한 연구로 학위를 취득한다. 또한, 그는 1912년부터 이미 '유전학과 농업경제학'을 주제로 한 선구적인 연구에서 유전학을 응용해 경작 식물의 특성을 개선하는 연구 프로그램을 상세하게 설명했다. 바빌로프가 평생을 바쳐 집요하게 연구한 것이 바로 이 프로그램이다. 학위 취득 후에는, 1913년부터

1914년까지 영국(케임브리지, 윌리엄베이트슨William Bateson연구소)과 프랑스(파스퇴르Pasteur연구소), 독일에서 유럽 최고의 연구소들을 찾아다니면서 해외 연수까지 마친다.

특히 유전을 과학으로 탄생시킨 유전학의 아버지 격인 베이트슨연구소('유전학'이라는 용어를 만든 곳이 이 연구소다)를 다닌 것이 니콜라이 바빌로프에게는 아주 중요한 경험이었다. 그는 그곳에서 유전법칙을 응용하면 기존의 방식보다 훨씬 더 효율적으로 경작 식물의 품질을 높일 수 있다는 깊은 확신을 얻는다. 이처럼 농업경제학자인 니콜라이 바빌로프는 처음으로 유전학의 실질적인 잠재성을 발견하고, 유전학이라는 새로운 과학이 어떻게 해야 농업 분야에 진정한 혁명을 가져올 수 있을지 파악한 인물이다.

독특한 특성을 가진 경작 식물들로 새로운 품종을 만들어내는 것이 바빌로프의 인생 목표였다. 이 목표에는 열정 이상의 것이 담겼다. 바빌로프는 소비에트연방공화국의 운명이 '슈퍼작물'을 만들 수 있는지에 달렸다고 확신했다. 러시아혁명은 농업을 전례 없는 혼란에 빠트렸고, 한때 유럽의 곡창지대였던 새로운 소련은 자국민조차 먹여 살릴 수 없는 형편에 놓인다.

바빌로프는 단순하지만 굉장한 계획이 있었다. 전 세계에서 생산하는 주요 작물의 다양한 품종을 수집한 후, 우수한 특성들을 조합해 자국민을 기아에서 해방할 슈퍼식물을 만드는 계획이었다. 바빌로프는 몽타주 사진을 만드는 것처럼 식물들의 우수한 특성을 한데 모은 '슈퍼다양성'의 조합이 가능할 거라고 확신했다. 그는 모든 질병에 강한 과일나무와 여러 산간 지방의 추위에 강하면서도 수확량은 평원에서 경작할 때처럼 풍부한 슈퍼작물을 개발하기를 기대했다. 하지만 이것은 시간과 돈이 필요한 규모가 큰 사업이었다. 무엇보다 가장 문제가 되는 것은 당연히 원하는 특성이 있는 식물들이 모든 지역에서 잘 자라는 것은 아니라는 점이었다. 그러니 러시아에서 자라는 식물을 수집하고 그 씨앗을 보관하려는 단 하나의 목적을 이루고자 광대한 벌판을 탐사하는 일부터 시작해야 했다.

한편 1916년, 바빌로프는 이란에 주둔하던 수많은 병사가 중독 증세를 보이며 죽어가는 이유를 조사하라는 임무를 맡아 파견되었다. 그는 현지에 도착한 지 얼마 되지 않아 빵을 만드는 데 사용한 밀이 붉은곰팡이Fusarium head blight에 감염된 것을 확인하고, 그것이 사망 원인임을 밝혀냈다. 그리고 파견을 나간 김에 이란과 투르크메니스탄Turkmenistan, 타지키스탄Tadzhikistan 산맥을 탐험하면서 각 지역에서 자라는 식물을 연구했다. 고국으로 돌아올 때 그의 짐에는 채취한 식물 수백만 본이 들어 있었고, 그는 이것들을 바탕으로 자신만의 특별한 교배종 컬렉션을 만들기 시작했다.

1920년도부터 1930년대 초반 사이, 바빌로프는 재배식물 연구를 위한 세계 탐험 프로그램을 시작한다. 기획은 물론 종종 직접 가이드 역할까지 하면서 '고대부터 농사를 지었고 토착 문명이 발달한 지역'을 중심으로 64개 국가(아프가니스탄과 이란, 타이완, 대한민국, 스페인, 알제리, 팔레스타인, 에리트레아, 아르헨티나, 볼리비아, 페루, 브라질, 멕시코를 비롯해 미국의 캘리포니아, 플로리다, 애리조나 지역 등)에 115개의 파견단을 보낸다.

이렇듯 수많은 탐험 경력을 쌓은 덕분에 바빌로프는 재배식물의 근원과 변화, 면역성, 교차 재배 등에 관한 내용을 바탕으로 재배식물 기원의 핵심 이론을 연구할 수 있었다. 1926년에는 이 이론을 발전시켜 식물의 종이 가장 다양한 지역이 식물 기원의 중심지라는 것을 입증했다. 식물 기원의 중심지들은 지구상에서 지리학적으로 좁은 지역에 자리 잡고 있는데, 특히 아시아와 아프리카의 산악 지역과 지중해에 길게 뻗은 해안 지대, 아메리카 대륙 중부 및 남부를 예로 들 수 있다. 바빌로프는 전 세계 재배종의 거의 3분의 1이 동남아시아에 기원을 두고, 주요 과일은 아시아와 지중해에서 자라기 시작했으며, 뿌리 식물과 알뿌리 작물, 열대 과일은 그 기원이 주로 중앙아메리카와 안데스산맥에 집중되어 있다는 것도 알아냈다.

탐사 결과가 나오자 바빌로프는 상트페테르부르크에 있

는 자신의 거대한 지하 벙커에 5만 가지가 넘는 야생식물과 3만 1000가지 곡물 표본으로 구성된 어마어마한 컬렉션을 만들었다. 바빌로프는 수집한 모든 식물의 씨앗까지 보관했다. 그는 씨앗이 식물의 배아뿐 아니라 영양분까지 담은 단단한 생존 캡슐과 같다는 것을 잘 알았다. 씨앗은 유전자 풀(gene pool, 생물 집단 속에 있는 유전정보의 총량-역자)을 보존하는 데 아주 적당한, 정교한 도구다.

이 부분에서도 바빌로프는 선구자였다. 그는 씨앗을 보관하면 요즘 우리가 '식물의 생물 다양성'이라고 부르는 것을 보존할 수 있을 거라 판단하고, 이것을 행동으로 옮겨 현재까지도 운영되는 엄청난 규모의 세계 최초 씨앗 은행을 만들었다. 바빌로프의 예를 본보기 삼아 이후 세계 곳곳에 유전자원 은행이 창설된다. 상트페테르부르크(당시에는 레닌그라드) 컬렉션은 슈퍼작물 세대를 탄생시키려는 길고 복잡한 여정의 첫걸음에 지나지 않았다.

소련 농업계의 미래에 대한 이러한 바빌로프의 전망을 크게 신뢰한 레닌(Vladimir Il'ich Lenin, 1870~1924, 러시아의 혁명가이자 정치가. 소련 최초의 국가 원수-역자)은 바빌로프를 소련에서 가장 권위 있는 농업 연구 기관의 대표로 임명한다. 바빌로프는 단기간에 매우 중요한 자리에 앉는다. 그는 소비에트연방공화국지리학국립협회 회장에서 국립유전학재단 이사, 국립식물발전기구

그림 2. 곡물의 씨앗을 연구하고자 이란 탐사 여행 중인 니콜라이 바빌로프

그림 3. 집단농장의 러시아 여성 농부들이 일터를 향해 행진한다. 백러시아 사람들 (White Russian 또는 Byelorussian)과 전쟁이 터져 남성들은 소련 군대에 입대해 여성들이 일해야 했다.

이사, 그리고 그가 맡은 직책 중 가장 권위 있는 자리라 할 수 있는 레닌농업과학대학 학장까지 지낸다. 이렇게 권위 있는 자리가 한편으로는 무거운 책임 때문에 바빌로프의 어깨를 짓누르기도 했지만, 다른 한편으로는 과학자로서 드디어 자신의 야심 찬 육종(식물의 교배를 통해 유전적 형질을 개량하는 일-편집자) 계획을 행동으로 옮길 가능성을 높일 수 있게 해주었다.

그때까지 유용한 특성이 있는 새로운 식물 품종의 개발은 말 그대로 수십 년, 어쩌면 수백 년은 연구해야 가능한 일이었다. 유전자법칙을 파악한 바빌로프는 시간을 훨씬 더 단축할 수 있다는 것을 알았다. 그러나 아무리 그의 예측이 낙관적이었다 해도 어쨌든 오랜 연구가 필요하기는 했다. 바빌로프에게는 시간이 중요한 문제였다. 사람들이 굶어 죽어가고 있었으므로 한시라도 빨리 슈퍼작물을 개발해야 했다.

바빌로프의 연구는 정신없이 진행됐다. 그는 탐사를 꾸준히 계속하면서 집으로 식물을 가져와 특성을 연구했다. 또한, 소비에트연방공화국 전역에 새로운 식물 품종의 성과를 시험하는 실험실을 마련하고 연결망까지 구성했다. 그 모든 일을 단 몇 년 만에 해냈다. 동료들은 그가 "인생 짧아. 빨리 움직여야 해."라는 말을 입에 달고 다녔다고 회상했다. 하지만 바빌로프는 자기 인생이 정말 그렇게 짧을 줄은 몰랐다.

1929년부터 소비에트연방공화국은 이오시프 스탈린Iosif Stalin의 멍에 아래에 놓인다. 과학적 지식이 전혀 없는 사람이었던 스탈린은 바빌로프에게 요만큼의 호의도 보이지 않았다. 게다가 궁정 농학자로 임명된 트로핌 리센코(Trofim Denisovich Lysenko, 소련의 농업생물학자, 유전학에 반대하는 리센코주의라는 학설을 주장하며 과학의 영역에 정치 논리를 도입했다−감수자)라는 사이비 과학자의 조언을 듣고 소비에트연방공화국에는 농산물 생산량을 늘리기 위한 신기술 도입이 시급하다고 주장하면서, 바빌로프를 기다려 줄 수 없다고 말한다. 유전자라는 것이 존재하지 않는다고 들은 스탈린에게 중요한 것은 그저 식물이 자라는 환경뿐이었다. 식물의 기원 따위는 전혀 상관하지 않는 마르크스주의에 가까운 이념을 품었던 것이다.

이러한 상황에서 유전학은 '서구의 부르주아적 선동'의 발명품으로 진작부터 폄하되었고, 소련 출신의 수많은 유전학자가 사라지기 시작했다.

당시 몇 년 동안 끊이지 않는 재앙이 소비에트연방공화국을 좌절에 빠뜨렸다. 스탈린은 죄를 뒤집어쓸 희생양을 찾기 시작했다. 바빌로프가 과학계에서 성공한 것을 시기하던 리센코와 그의 동료들은 반복적으로 그를 비난했다. 1939년 3월 크렘린Kremlin궁전에서 연회가 열리던 중, 리센코는 바빌로프가 스탈린, 베리야(Laurentil Pavlovich Berija, 소련의 군인이자 정치가−역자)와 함께 사회주의경제에 이익이 되는 자신의 활동에 방해된다고 비난하면서 당연히 내려야 할 결론을 내려달라고 요구했다. 이때 바빌로프의 운명은 이미 결정되었다. 1940년 8월 10일, 우크라이나의 산맥에서 새로운 식물들을 연구하던 바빌로프는 스탈린의 비밀경찰 내무인민위원부NKVD, Naródnyi Komissariát Vnùtrennikn Del에 체포된다. 그 후 며칠 동안, 카라파센코Karapačenko와 레비츠키Levitckij, 고보로프Govorov, 코발레프Kovalev 등 가장 가까운 동료들에게도 똑같은 일이 일어났다.

11개월의 조사 동안에 바빌로프는 1700시간 이상 혹독한 심문을 받았고(심문 횟수가 400회 이상이었고, 13시간 넘게 진행된 심문도 몇 차례 있었다), 1941년 7월 고등군사법원이 그를 재판에 회부한다. 이 재판은 단 몇 분 만에 끝난다. 바빌로프에게 사형이 내려졌는데, 죄명은 '우익 음모 가담 죄와 영국의 편에서 해온 첩보 활동, 농업 방해 활동, 백인 이민자들과의 친목'이었다. 사형 판결은 나중에 10년 구금으로 감형되기는 하지만, 사라토프Saratov 교도소의 투옥 조건은 도저히 견딜 수 없을 정도였다. 1년 동안 좁은 감방에서 한 번도 나올 수 없었고 씻지도, 화장실에 갈 수도 없었다. 결국, 바빌로프는 영양실조에 걸리고 만다.

바빌로프가 감옥에서 지내며 삶과 죽음의 경계에서 싸우는 동안, 그의 가장 큰 업적인 씨앗 은행도 심각한 위기 상황으로 빠져들었다. 1941년 바르바로사 작전(Operation Barbarossa, 제2차 세계대전의 동부전선에서 나치 독일이 소비에트연방을 침공한 작전의 이름-역자)이 진행되던 중 나치 군대가 레닌그라드 시를 포위했다. 거대한 씨앗 수집소는 하인츠 브뤼허Heinz Brucher와 같은 나치 유전학자들에게나 오랜 주둔 생활로 굶주린 사람들에게나 매우 탐나는 전리품이었다. 독일군이 도착하기 전, 스탈린은 '겨울궁전' 박물관 내 예르미타시Эрмитаж미술관에 보관된 어마어마한 양의 수집품과 레닌그라드에 있는 소비에트연방공화국의 귀중한 물품들을 모조리 꺼내오라고 명령한다. 그러나 스탈린은 바빌로프의 씨앗 은행을 그냥 꼴불견인 '부르주아 과학'의 산물이라 치부하고 지켜야 할 수집품 목록에 포함하지 않았다.

스탈린은 씨앗의 가치를 몰라봤지만, 독일인은 그것을 아주 잘 알았다. 식량 문제로 고통을 받아왔던 독일 나치는 바빌로프의 수집품을 전쟁의 중요한 목표물로 삼았다. 침략 전, 카이저빌헬름연구소(Kaiser Wilhelm Institut, 현재 막스플랑크연구소Max Planck Institut의 전신)의 과학자들은 러시아의 연구 센터들을 장악하고자 세심하게 계획을 세웠다. 그렇게 해서 군인이 소련 영토로 전진할 때 식물학자도 그 뒤를 곧바로 따랐다. 1943년 초, 독일 과학자들이 러시아와 우크라이나에 있는 약 200여 개 지역 센터를 장

그림 4. 농산물 투자 척결을 권유하는 포스터

그림 5. '우리 집단농장으로 오세요!'라고 적힌 소련
정부의 선전물

악해 수집한 물품들을 독일로 가져갔다. 그러나 바빌로프의 중요 컬렉션에는 접근하지 못했는데, 연구소에 남아 연구를 계속하던 과학자들의 영웅다운 대처 덕분에 그의 컬렉션은 900일의 레닌그라드 공방전 동안 연구소 벽 뒤에 안전하게 보관될 수 있었다.

당시 바빌로프의 연구소는 약 20만 개의 다양한 씨앗을 보유하고 있었다. 이 중 대부분이 먹을 수 있었지만, 그 누구도 단 한 알의 씨앗도 건드린 적이 없다. 바빌로프연구소(설립자가 복권된 후인 1956년도에 개명함)를 지키던 아홉 명의 연구원은 자기들에게 보관하라고 맡겨진 귀한 씨앗을 먹느니 차라리 굶어 죽는 편이 낫다고 생각하며, 언젠가는 분명 광기에 휩싸인 나치 파괴자들이 망할 것이라고 굳게 믿었다. 그리고 그때가 되면 새로운 식물을 생산해 전 세계를 기아에서 구하는 데 그 씨앗들이 필요할 거라 확신했다.

감시가 굉장히 철저해서 속임수 따위는 절대 통할 수 없고, 심지어 수집품이 보관된 방에는 그 어떤 직원도 혼자 있을 수 없었다. 열쇠는 연구소의 운영진이 소유한 금고에 보관하고, 일주일에 한 번씩 씨앗이 든 모든 상자의 상태를 점검했다. 여하튼 당시의 생존자 211명이 말하는 이 영웅신화 같은 이야기를 들어보면 그 누구도 씨앗을 건드릴 꿈도 꾸지 않았다고 한다.

맨 처음 굶어 죽은 사람은 1942년 1월 자신의 책상에 앉은 채 숨진 땅콩 전문가 알렉산드르 스추킨Alexander Stchukin이었다. 뒤를 이어 약용식물 전문가 게오르기 크리예르Georgi Kriyer, 쌀 박물관 대표 디미트리 이바노프Dimitri Ivanov, 릴리야 로디나Liliya Rodina, 스테예글로프M. Steheglov, 코발레스키G. Kovalesky, 레온티예프스키N. Leontjevsky, 말리기나A. Malygina, 코르줌A. Korzum도 아사했다. 1944년 1월 18일 레닌그라드가 나치 주둔군에게서 벗어났을 때, 수집품 대부분이 우랄산맥에 있는 안전한 곳으로 옮겨졌다. 이때 얼어붙은 라도가Ladoga 호수를 가로지르는 길을 이용했는데, 도보로 이동하기에는 너무 길고 험난한 여정이라 '생명의 길'이라는 이름이 붙었다.

그렇게 씨앗은 살아남았지만, 바빌로프는 그러지 못했다. 몇 달간의 고문을 받은 후 1943년 1월 26일, 소비에트연방공화국을 기아에서 해방하겠다는 열정과 에너지로 가득 찼던 바빌로프는 사라토프의 스탈린감옥에서 굶주림과 피로에 지쳐 눈을 감았고, 인근 공동묘지에 묻혔다.

바빌로프의 사망과 함께, 한 시절 그토록 위엄 있던 러시아의 유전학 학교도 문을 닫는다.

그림 6. 다양한 종류의 곡물 이삭

그림 7. 조지 워싱턴 카버

땅콩 농업으로 혁명을 불러온
최초의 흑인 학위자

조지 워싱턴 카버(George Washington Carver, 1864?~1943)

조지 워싱턴 카버는 1864년경, 남북전쟁이 한창이던 시절 미국 남부 어느 농장의 허름한 오두막에서 태어났다. 그가 태어난 날짜는 정확히 알려진 바가 없다. 조지 워싱턴 카버는 "내가 태어난 날짜를 정확히 알면 나도 참 좋겠다. 하지만 그 시절에는 노예 부모 밑에서 태어난 아이의 생일을 등록하는 일에는 아무도 신경 쓰지 않았고, 내 경우에도 예외는 없었다."라고 회고했다. 1864년에 미국 남부에서 노예로 산다는 것은 정말 말 그대로 가진 게 아무것도 없다는 것을 의미했다. 이름조차 없었다. 사실 그가 조지 워싱턴 카버라는 이름을 딴 모지스 카버Moses Carver는 미주리Missouri에 사는 중산층 농부로 노예였던 조지 어머니의 주인이었다.[1]

미국 남부 끝자락에 있는 어느 농장에서 노예로, 노예 부모의 아들로 시작한 카버의 기구한 인생은 태어난 지 불과 6개월밖에 되지 않았을 때부터 급속도로 더 나빠지는 것 같았다. 가축이든 노예든 가리지 않고 훔쳐다 아칸소Arkansas 주에서 팔아치우는 포악한 강도떼에 어머니, 누이와 함께 납치되는 불운을 겪은 것이다. 다행히 모지스 카버는 신중한 성격으로 무엇보다 자신에게 속한 무엇인가를 누가 가져가는 것을 견디지 못하는 사람이었다. 그는 강도떼를 찾기 시작한 지 몇 주가 채 지나지 않아 그들을 찾아냈다. 그리고 곧바로 300달러짜리 경주마와 조지를 교환하는 조건으로 그들과 교섭했다. 하지만 안타깝게도 어머니와 누이의 소식은 더는 들을 수 없었다.

이 세상 누구라도 조지 워싱턴 카버처럼 태어나자마자 폭풍우가 몰아친 듯 불운이 덮치고, 그것도 모자라 살아남는 것이 유일한 소망이 되어 살아남기만 하면 앞으로 무엇이든 할 수 있을 거라고 믿게 되면, 특별한 인성을 갖출 수밖에 없을 것이다. 물론 미국의 검은 아들 조지 카버도 인성이 최상급이었는데, 길고 영광스러운 한평생을 시작하는 날부터 마감하는 날까지 그 훌륭한 성품이 빛나지 않는 날은 없었다.

---

1   조지 카버의 아버지에 대해서는 알려진 바가 없다. 현재 남은 정보는 이웃 농장주였는데 건강하고 힘이 장사인 자손을 낳을 만한 덩치의 소유자였고 황소 수레에 치이는 사고로 사망했다는 것뿐이다.

노예해방 후[2] 거의 10년 동안 조지는 모지스 카버의 농장에 머물면서 꾸준히 자연과 접촉했고, 그러면서 식물에 대한 호기심이 점점 더 강해져 이후 평생을 식물과 함께한다. 훗날 그는 이렇게 회상했다.

> 날마다 숲에서 아름다운 꽃들을 꺾어다 내 정원에 심으면서 여가를 보냈어요. … 이렇게 말하면 이상하겠지만, 어떤 종류의 식물은 제 보살핌 속에서 번성한 것 같았어요. 전 곧바로 식물 박사로 유명해졌고, 제가 식물들을 보살펴주니까 저희 주 곳곳에서 제 식물원으로 식물들을 보내왔죠.

그림과 음악은 '지식에 대한 혼란스러운 열망'에 사로잡혔던 나날 동안 조지 카버의 또 다른 관심사였다.

조지 카버는 공부하고 싶었다. 그래서 아주 약간의 도움을 받아 읽는 법을 배우고, 곧이어 언어와 스스로 공부하여 문법을

---

2 흑인 노예들은 에이브러햄 링컨(Abraham Lincoln) 대통령이 남북전쟁 중인 1863년 1월 1일에 발표한 해방 선언을 통해 공식적으로 시민으로서의 자유를 회복했다. 링컨은 이 선언에서 남부 연합의 모든 반군 지역에 있던 노예들이 자유로운 신분이 되었음을 밝혔다. 사실 노예 해방 과정은 매우 더디게 이루어졌지만, 이 해방 선언으로써 남북전쟁이 종결되었을 때 제13차 헌법 개정이(1865년 12월 18일) 승인되었고, 미국 전역의 노예제도가 폐지되었다.

익혔다.[3] 그러나 이론 없이 하는 공부에 만족하지 못한 조지 카버는 좀 더 정규교육을 받을 필요성을 느낀다.

그래서 조지 카버는 농장에서 15킬로미터 거리의 이웃 도시 네오쇼Neosho에 있는 작은 시골 학교에 다니기로 한다. 카버 집안의 사람들은 떠나는 조지 카버를 말리지 않는 대신 경제적 지원도 전혀 해주지 않았다. 그렇게 해서 고작해야 열 살밖에 되지 않은 나이에 주머니에 돈 한 푼 없이 조지는 또 다른 삶을 향한 길고 힘든 여행을 시작했다. 그는 들판을 가로지르고 언덕을 오르고 풀숲과 울타리를 건너 드디어 1875년 늦은 밤, 낯선 도시 네오쇼에 도착했다.

난생 처음 농장에서 멀리 떨어진 곳에 혼자 있게 된 어린 조지는 온갖 장애와 난관을 이겨내야 했다. 일단 가장 큰 문제는 돈이 한 푼도 없다는 것이었다. 물론 심각한 문제가 그것만은 아니었다. 조지 본인이 기억하기로는 '단 1센트도 없었고 아는 사람도, 당장 하룻밤을 보낼 곳도 없었다.' 상황이 이처럼 절박하자 조지는 낡은 헛간을 잠자리로 삼고 끼니를 해결해줄 간단한 일자리를 구한다. 집도 없고 혼자인 데다 먹고살려면 완전히 지치도록 일

---

3   18세기 말부터 20세기 초까지 한 세기가 넘게 미국인의 교육에 사용된, 노아 웹스터 (Noah Webster)가 쓴 문법책《블루블랙 스펠러(Blue-black speller)》를 독학했다.

해야 하는 어려운 상황이었지만, 소년 조지는 특혜를 받으며 네오쇼의 학교에 다닐 수 있었다. 하지만 조지가 설명하는 내용으로 봐서는 이 학교가 그다지 대단한 곳은 아니었던 모양이다.

선생님은 준비가 안 된 사람이었어요. 학교 건물은 나무로 지은 단순한 오두막 같은 곳이라 여름에는 바람 한 점 없고 겨울에는 끔찍할 정도로 추웠죠. 의자는 학생들이 앉으면 바닥에 발이 절대 닿을 수 없을 정도로 높았고 등받이도 없어서 편하게 기대앉을 수도 없었어요. 학교 시설이 모두 너무 낯설었어요. 우리가 상상하는 모든 불편한 것들이 그 학교에 다 있더군요.

그러나 조잡하게 지어진 건물에다 자격 미달인 교사가 있는 작은 학교일지라도 조지의 상상력을 일깨워주기에는 충분한 곳이었다. 세월이 한참 흐른 후 조지 워싱턴 카버는 그 학교에서 자신이 가장 하고 싶은 일이 '식물 전문가'라는 것을 깨달았다고 회고했다.

단 1년 동안 네오쇼 학교에서 배울 수 있는 것을 다 배운 조지는 남부의 도시 이곳저곳으로 이동하면서 포트스콧Fort Scott에서 두 번째 학업을 마친다. 그리고 대학에 들어가고자 계획을 세우기 시작했다.

1890년도에 대학에서 흑인을 받아들이는 것은 절대 간단한 일이 아니었다. 아니, 정확히 말하면 당시 수십 년 동안 인종 간의 분리와 차별이 계속된 미국과 같은 나라에서 흑인이 대학에 입학하는 일은 단 한 번도 없었다. 지금 우리는 1890년도의 이야기를 한다는 것을 잊지 말자. 미국 고등법원에서 대학이 피부색으로 입학을 거부할 수 없다는 판결을 내리기 65년 전이다.

자신이 사는 나라에서 흑인이 대학에 다닌 적이 없다는 사실이 조지에게도 그다지 놀라운 일은 아니었다. 하지만 그는 수소문 끝에 아이오와Iowa주에 자신의 입학을 받아들일 것 같은 교육 기관이 있다는 것을 알고, 우편으로 입학 신청서를 보냈다. 그리고 일주일 뒤 승인 확인서가 도착했다. 조지는 예상치 못하게 시간을 낭비하지 않고 간단하게 입학 절차를 밟게 돼 행복한 마음으로 아이오와 이곳저곳을 여행했다. 그러나 안타깝게도 최악의 소식이 조지를 기다리고 있었다. 학교 측에서 오류가 있었다며 입학 허가를 번복한 것이다. 조지는 피부색에 관한 내용을 입학 신청서에 분명하게 기재했는데, 학교 측에서 이것을 보지 못했다고 했다. 담당 직원이 정말 부주의해서 확인을 못 했을 수도 있지만, 이런 예외에 대한 대비책이 없었을 가능성도 있다. 관련자들이 무척 유감스러워했지만, 결국 흑인 카버는 대학에서 수업을 받을 수 없었다.

　조지 카버는 낙심하지 않았다. 원래 다른 학교를 원했고, 절대 쉽지 않을 거라고 짐작했기 때문이다. 결국, 1890년 아이오와주 인디애놀라Indianola시의 심프슨대학Simpson College에서 흑인인 조지의 입학을 허락한다고 통보해왔다. 그런데 또 다른 장벽이 조지가 꿈꾸는 인생을 가로막았다. 수업료를 낼 돈이 없었던 것이다. 조지는 닥치는 대로 일하기 시작했다. 카펫 청소에서 빨래, 마구간 청소, 호텔 주방 잡일 등 할 수 있는 일은 다 해서 1년이라는 짧은 시간 동안 입학에 필요한 비용을 치를 돈을 마련했다.

　조지는 당시 본인의 경제 상태를, "학교에 등록금을 내고 나니 주머니에 10센트밖에 남지 않았다. 그중 5센트로는 옥수숫가루를 사고, 나머지 5센트로는 쇠기름을 샀다. 이 두 가지 음식만으로도 나는 일주일 내내 버틸 수 있었다."[4]라고 기억했다.

　그러나 조지 카버가 가장 공부하고 싶은 분야는 식물이었는데, 인디애놀라의 심프슨대학은 예술 교육 전문이라 과학 과목은 그다지 많이 편성되어 있지 않았다. 조지 카버는 그래도 낙심

4　1928년 인디애놀라 심프슨대학 총장이 조지 카버에게 특별 명예 과학 박사 학위를 수여할 때, 이러한 학위 수여 동기를 기록한 바 있다. "조지 카버가 감당해야 했던 난관들을 생각해보면, 어떻게 그렇게 극복할 수 있었는지 그저 놀라울 따름이다. 그가 이룬 뛰어난 업적도 그렇지만 그의 정신과 성품은 그보다 더 경이롭다."

하지 않고 수없는 시도 끝에 에임스Ames에 있는 아이오와주립대학으로 옮겨 갔다. 그리고 1894년도에 드디어 농과 대학을 졸업하고(미국에서 흑인 최초로 학위를 취득한 것이었다), 2년 뒤에는 석사학위까지 취득한다. 조지 카버는 아이오와주립대학에서 제임스 윌슨James Wilson 교수의 오른팔이 되어 식물학과 조교로 일하기 시작했고(이 또한 흑인 최초였다), 이후 매킨리William McKinley, 루스벨트Theodore Roosevelt, 태프트William H. Taft 대통령 시절 농림부에서 일했다. 그렇게 해서 1897년 앨라배마Alabama 주에서 터스키기전문학교Tuskegee Institute에 있는 흑인을 위한 농업학교와 연구소를 장려하는 법률이 통과했을 때 조지 워싱턴 카버는 1순위로 등용할 인재가 되어 있었다. 터스키기전문학교의 총장이 친히 서신을 보내 농업학교 교사로 재직하면서 학습 프로그램을 운영해달라고 부탁하자 조지 카버는 뿌듯해하며 이렇게 답했다.

제 평생의 숙원은 언제나 제 민족이 되도록 많이, 가능하면 더 좋은 일을 할 수 있게 되는 것이고, 그것을 이루려고 제 인생에서 상당한 시간을 바쳐 준비해왔습니다. 그리고 이 교육 시스템이 제 민족에게 황금의 자유문을 열어줄 열쇠라고 믿습니다.

조지 카버는 터스키기에서 1943년, 생을 마감할 때까지 47년

그림 8. 앨라배마 주 터스키기전문학교 교사들과 조지 워싱턴 카버(앞줄 가운데)

동안 머문다. 그리고 이 기간에 예전 노예의 교육을 보장하고자 헤아릴 수 없이 다양한 활동을 열광적으로 펼친다. 사실 흑인은 노예 신분을 벗어나서도 남부에서 가난한 농부가 된 경우가 대부분이라 교육을 받기가 쉬운 일은 아니었다. 그는 임시 학교를 만들고 터스키기에서 온 교사 몇 명과 함께 말이 끄는 수레를 타고 여기저기 농장을 찾아다니면서 백인과 흑인 농부들에게 그들의 땅을 경작할 때 어떤 방법을 사용해야 하는지, 또 어떤 실수를 피해야 하는지 가르쳤다.

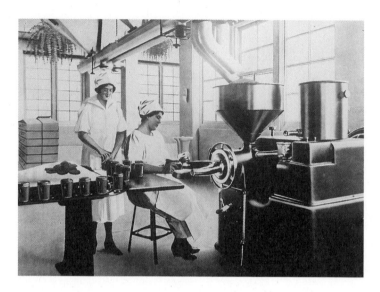

그림 9. 땅콩버터 포장 작업 초기 라인에서 작업 중인 노동자들

농부가 하지 말아야 할 실수 중에서 조지 카버는 면화의 단일경작(monoculture, 한가지 작물을 계속해서 논이나 밭에 심는 농업 형태로 여러 작물을 돌려 심는 윤작의 반대 개념−감수자)이 가장 위험하다고 생각했다(단일경작에서 요즘 많이 발생하는 문제점들을 생각하면 조지 카버의 예상은 상당히 선견지명이 있었다). 단일경작을 하면 땅만 폐허가 되고 수확량은 감소한다. 그 결과 농부가 빈곤해지는데, 조지 카버가 주목하는 부분이 바로 이것이었다. 그는 면화 대신 경작할 작물로 땅콩을 이용하는 자신의 윤작(돌려짓기) 시스템을

개발해 보급하기 시작했다. 그의 아이디어는 상당히 인기를 끌었지만 어느 순간부터 조지 카버라는 인물 자체가 부상하기 시작했고, 정작 그의 아이디어는 그의 성공의 희생양이 된 것 같았다. 실제로 조지 카버가 시키는 대로 농부들은 재배 작물을 면화에서 땅콩으로 바꾸기 시작했고, 자신들이 얻은 엄청난 수확량에 놀라움을 금치 못했다. 하지만 얼마 가지 않아 땅콩 대부분이 가축의 먹이로만 사용되어서 대량의 수확물이 남았고, 그것을 창고에서 그대로 썩혀야 했다.

상황이 이렇게 되자 조지 카버는 땅콩을 다른 방도로 사용할 궁리를 하기 시작했다. 여기서 한 가지 말해두자면 당시까지 땅콩은 사람이 먹는 식품으로 사용하지 않았다. 천재적인 조지 카버에게 남은 땅콩을 활용하는 방법을 300가지 이상 생각해내는 것은 일도 아니었다. 그가 내놓은 방법 중에서 카버의 탁월한 창의력을 분명하게 보여주는 것은 땅콩에서 나온 성분을 접착제와 광택제, 표백제, 칠리소스, 연소용 연료(요즘 우리가 바이오 연료라고 부르는 연료), 잉크, 인스턴트커피, 얼굴용 미용 크림, 샴푸, 비누, 리놀륨(linoieum, 건물 바닥재로 쓰이는 물질-편집자), 마요네즈, 금속 세척제, 종이, 플라스틱, 면도 크림, 구두 광택제, 합성고무, 도로포장용 자재, 탤컴파우더(talcum powder, 주로 땀띠약으로 쓰는 몸에 바르는 분-편집자), 나무용 얼룩 제거제, 땅콩버터와 같은

식품으로 활용할 뿐만 아니라 우유, 치즈와 더불어 미국인의 식
습관과 농업 경제를 뿌리부터 바꿔놓은 땅콩기름을 생산하는 데
사용한 것이었다. 사실 농부들에게는 다양한 견과류 작물들은
수확해도 판매하는 것이 문제였으므로 땅콩에만 한정하지 않고
고구마에서 콩, 피칸을 비롯한 수백 가지 작물의 응용 분야를 제
안했다.

조지 카버의 활동은 지칠 줄을 몰랐다. 그는 꾸준히 연구하
면서 당대에 미국에서 식용으로 구분하지 않았던 토마토와 고구
마, 그리고 미국 농업의 역사를 만든 땅콩을 사용하는 법에 관한
연구 결과를 발표한다. 이 간행물들의 제목은 '토마토를 기르는
법과 식사용으로 조리하는 115가지 방법', '견과류를 기르는 법과
인간이 소비할 수 있도록 처리하는 105가지 방법', '농부가 고구
마를 보관하는 방법과 식사용으로 준비하는 방법'으로, 조지 카
버가 모든 연구 결과는 전문 연구가에게서 나와야 한다는 것과
이것을 효율적으로 농부에게 전파해야 할 기본적인 필요성을 얼
마나 중요시했는지 증명해준다.

조지 워싱턴 카버의 천재적인 발명과 연구 덕에 대공황 기간
중(1929년 10월 시작돼 1930년대까지 이어진 사상 최대의 세계 경제공황-
역자) 불과 몇 년 전까지 거의 0원이었던 땅콩 가격이 상상할 수
없을 정도의 수준으로 치솟았다. 이로써 미국 남부 농부에게 2억

그림 10. 자신의 연구소에서 실험 중인 조지 워싱턴 카버

5000만 달러 이상의 금액이 흘러들어 가는 시장이 형성됐다. 땅콩기름 한 가지만의 가치가 6000만 달러에 달했고, 이후 몇 년 지나지 않아 땅콩버터는 미국의 국민 식품으로 자리 잡았다.

조지 카버의 이야기를 좀 더 특별하게, 조금 더 교훈적인 차원에서 설명하자면, 그가 자기 주머니에 단돈 1달러 한 번 챙긴 적 없이 국가의 부 증대에 이바지한 엄청난 공헌을 되새겨 봐야 한다. 조지 워싱턴 카버는 평생을 매우 검소하게 살면서 농업 연구의 발전을 위해 자신이 직접 창설한 재단에 월급(조지 카버의 수입은 이것뿐이었다)을 기부했다. 그는 농산물에서 나온 재료들을 활용하는 방법을 거의 500여 가지 이상 개발했지만, 그중 특허를 받은 것은 땅콩의 부산물을 이용하는 미용 방법 세 가지뿐이었다. 사람들이 그가 엄청난 수입을 얻었을 것으로 생각하자, 조지 카버는 그저 이렇게 말했다.

"신은 견과류를 창조하시고 우리에게 계산서를 내밀지 않으셨죠. 그런데 왜 거기에서 나온 것들 때문에 제가 돈을 벌어야 하죠?"

조지 카버의 발명품을 보호하는 데 앞장서던 토머스 에디슨Thomas Alva Edison은 사람들의 악평에 맞서면서 어떻게든 정식 발명으로 허가를 받게 하려 했다. 그는 '카버는 대단한 가치가 있는 사람'이라고 평가하며 조지 카버에게 거액의 돈을 줄 테니 함께 일하자고 수차례 제안했지만 번번이 거절당했다.

　조지 워싱턴 카버는 19세기에서 20세기로 전환하던 시기에 몇 손가락 안에 드는 미국의 유명 인사 중 한 명임이 틀림없다. 아마 흑인으로서는 당시 가장 유명한 인물이었을 것이다. 헨리 포드 (Henry Ford, 자동차 왕이라고 불리는 미국 자동차 회사 '포드'의 창설자–역자)는 '카버 교수는 토머스 에디슨을 이은 살아 있는 미국 최고의 과학자'라고 했다. 상원의원 챔프 클라크Champ Clark는 '전 세계에서 영원히, 가장 중요한 과학자 중 한 사람'이라고 정의했다.

　1943년 1월 5일 카버가 사망하자, 프랭클린 루스벨트Franklin D. Roosevelt 대통령의 제안으로 미국 의회에서 조지 카버의 출생지를 국가 기념 지역으로 선정했다. 당시까지 이렇게 출생지를 국가 기념지로 선정한 경우는 조지 워싱턴George Washington과 에이브러햄 링컨 대통령밖에 없었다. 그리고 1977년 조지 카버는 뉴욕 명예의 전당Hall of Fame에도 들어갔다. 그의 생애와 농업 분야에서의 혁명적인 발명들을 기념하려는 취지로 매년 1월 5일이면 '조지 워싱턴 카버 기념일George Washington Carver Recognition Day' 행사도 개최한다.

그림 11. 그레고어 요한 멘델

생전에는 이해받지 못했던
유전학의 창시자

그레고어 요한 멘델(Gregor Johann Mendel, 1822~1884)

1865년 겨울, 오스트리아·헝가리제국에서 가장 멀리 떨어진 지역 중 하나인 모라비아Moravia의 브르노(Brno, 당시의 지역명은 브루엔Bruenn, 체코의 동부에 위치-역자). 청명하지만 싸늘한 2월의 어느 저녁, 눈 쌓인 거리에 한 무리의 남자가 자연과학협회 연례회에 참석하려고 잰걸음으로 그 지역 고등학교로 향했다. 주제만 들어도 매우 흥미진진한 회의가 개최된다는 것을 알 수 있었다. 저명한 수많은 과학자 중에서도 압도적인 명성을 얻은 과학자가 나서는 회의였다. 오스트리아·헝가리제국에서 내로라하는 대학 대표도 모두 참석했다. 그들은 회의장까지 오는 그 잠깐의 시간 동안 서로의 연구에 관해 이야기하고 매우 농도 짙은 험담도 주고받았다. 그러나 그들이 가장 궁금한 것은 베일에 가려진 아우구스티누스수도회 사제이자 고등학교 교사가 하겠다는 중요한 이야기가 도대체 무엇이기에 이 외진 브르노까지 사람들을 불러 모았는가 하는 것이었다.

한편, 이 고등학교에서 가장 큰 교실에서 수단(가톨릭 신부의 평상시 정복—역자)을 입은 한 남자가 조심스럽게 수기로 적은 종이를 들춰보았다. 남자는 키는 그다지 크지 않지만 다부진 체격에 이마가 넓고 눈은 파랬다. 남자가 든 종이에는 잠시 후 읽어야 하는 내용이 쓰여 있었다. 무척 힘들게 쓴 것이라 그는 이것을 소중히 다루었다. 이 남자는 브르노의 유서 깊은 아우구스티누스수도원의 신부이자 이 지역 고등학교 과학 과목 교사인 그레고어 멘델이었다. 그가 읽을 준비를 하는 글의 제목은 '식물의 잡종에 관한 실험'이었고, 지난 9년 동안 콩으로 실험한 이종교배의 결과를 설명하는 내용이었다.

요한 멘델은 1822년 7월 20일 슬레시아(Slesia, 폴란드 서남부와 체코 동북부에 걸친 지역의 옛 이름—역자)의 힌치체(Hynčice, 현재의 헤인젠도르프Heinzendorf)에서 태어났다. 이 지역은 오스트리아·헝가리제국 시절(현재는 체코공화국) 독일과 폴란드, 모라비아인을 비롯한 다양한 민족이 수 세기 전부터 땅을 경작하며 조화롭게 살던 곳이었다. 멘델의 부모 안톤Anton과 로시네Rosine는 독일어를 사용하는 농부였다. 멘델에게는 두 살 위의 누나 베로니카

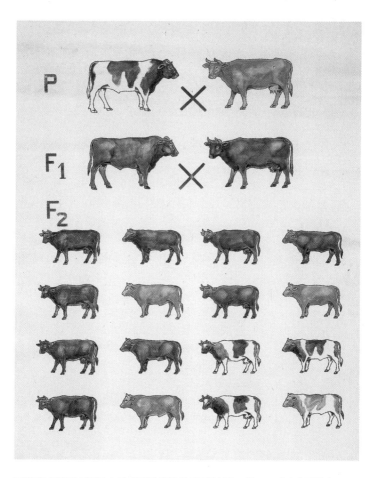

그림 12. 다양한 품종의 소들. 멘델이 발견한 유전법칙을 그림으로 나타낸 독일의
교육용 삽화

Veronica와 다섯 살 아래 여동생 테레사Theresa가 있었다.

멘델의 집 뒤에는 아버지 안톤이 새로운 품종의 과일을 재배하고 벌통을 보관하던 과수원이 있어서 멘델은 어릴 때부터 농사일을 도우면서 식물과 접촉하며 성장했다. 게다가 학교에서도 운 좋게 학생들에게 자연과학의 원리뿐 아니라 열매를 맺는 식물을 재배하는 실용적인 방법도 가르치는 훌륭한 스승 토마스 마키타Tomas Makitta를 만난다. 이처럼 전원적이고 어느 정도 풍요롭기까지 한 환경에서 자랐으니 멘델이 아버지의 뒤를 이어 농장을 운영하는 것은 당연한 운명처럼 보일 수 있다. 그러나 과학에 관한 뛰어난 재능과 몇 가지 비극적인 사건 때문에 운명은 다른 방향으로 흘러간다.

젊은 멘델에게서 학자의 기질을 본 스승 마키타가 추천해준 덕에 멘델은 리프니크나트베츠보우Lipník nad Bečvou대학과 오파바Opava대학에서 학업을 계속할 수 있었다. 몇 년 동안은 만사가 잘 돌아가는 것 같았다. 그러나 아버지의 과수원 농사가 계속 처참할 정도로 실패해 수입이 부족해지자, 결국 멘델의 학비를 지원해줄 수 없게 됐다. 불행은 절대 혼자 오지 않는다는 말이 맞는 모양이다. 1838년 멘델은 숲에서 작업하다가 몸에 심각한 상처를 입어 다시는 예전처럼 농사일할 수 없게 된다. 이런 불행한 사건들은 멘델에게 악영향을 끼쳤고, 결국 그는 심각한 우울증에 빠져 1년 넘게 공부도, 일도 하지 못한다(멘델은 평생 우울증에 자주 시달렸다). 다행히 누이들의 경제적 지원을 받아(동생 테레사가 자신의 결혼 지참금을 줬다) 학업을 다시 시작한 멘델은 1843년 스물한 살의 나이로 브르노의 아우구스티누스수도원에 들어가고 그레고어라는 세례명을 얻는다.

아우구스티누스회 수도사가 된다는 것이 멘델에게는 대단한 변화를 의미하는 것이었는데, 그가 자서전에 쓴 내용을 보면 무엇보다 물질적으로 필요한 것을 신경 쓰지 않아도 되고 자신이 가장 관심을 쏟는 두 가지, 유전법칙 연구와 후대 양성에 주력할 수 있게 됐다. 멘델도 잘 알았던 것처럼 이 두 가지는 전혀 다를 것이 없었다. 유전법칙을 파악하면 이제까지 도움을 줄 수 있으리라고는 상상도 하지 못한 수많은 사람의 생활 조건을 개선할 수 있었다. 멘델은 학업을 계속해 1848년에는 신학 공부를 마치고 1851년, 드디어 그동안 꿈꾸던 소망을 실현한다. 나프Napp 수도원장이 멘델에게 빈대학에서 과학 강좌를 수강하라고 권하면서 물가 비싼 수도, 빈에서 쓸 생활비까지 지원해준 것이다. 오스트리아·헝가리제국의 수도에서 멘델은 저명한 물리학자 크리스티안 도플러Christian Doppler와 함께 공부하면서 수학적 분석의 기초를 수학한다. 이때 배운 내용은 나중에 두고두고 멘델의 연구에 매우 큰 도움을 준다.

그림 13. 멘델이 연구하던 식물 완두콩(Pisum sativum) 삽화(작성자 O. W. 토메 (Thomé), 1885)

1853년 브르노로 돌아온 멘델은 고등학교 과학 과목 교사가 된다. 멘델은 이 시기를 평생 가장 행복했던 때로 기억했다. 수도원 정원에 딸린 작은 정원에서, 얼마 후에는 그의 실험을 위해 지은 전용 온실에서 특성 유전에 관한 연구를 계속할 수 있었기 때문이다.

멘델이 선택한 콩은 흔하디흔한 자가수분 식물(한 식물에 암술과 수술이 모두 있다)이므로 실험자에게 안정적인 실험 재료라고 할 수 있다. 7년간의 실험 기간에 멘델은 약 2만 8000 개체의 콩을 길렀고, 이후 2년 동안은 수집한 결과를 정리했다. 그렇게 해서 세 가지로 일반화 법칙을 도출했는데, 이것이 나중에 그 유명한 멘델의 유전법칙이 된다. 이 세 가지 일반화는 1. 우열의 법칙(우성과 열성 두 개의 형질이 있을 때 우성 형질만 드러나는 법칙), 2. 분리의 법칙(자가생식 두 번째 세대에서 우성과 열성이 나누어져 나타나는 법칙), 그리고 마지막 3. 독립의 법칙(독립적 배합의 법칙 혹은 특성 분리의 법칙)이다.

멘델이 1865년 학술회에서 청중에게 발표하려던 것이 바로 이 실험과 관찰 내용이었다. 참석자 대부분이 이 매력 있는 수도사에게 인간적으로 호감을 느꼈고 그의 관찰 중 몇 가지, 예를 들면 꾸준히 해야 하는 기상 자료 수집이나 꿀벌 양식 시스템 등을 높이 평가하기는 했지만, 정작 그가 설명하는 내용 자체에는 아무런 의미도 부여하지 않았다. 참석자들은 혼성 교배에서 나오는 수많은 불변의 관계에 대한 설명에 어안이 벙벙했다. 그들은 당황한 기색이 역력한 얼굴로 서로 바라봤다. 대체 이 복잡한 수학은 뭐지? 언제부터 식물의 교배를 설명하는 데 이런 복잡한 설명이 필요해진 거지? 멘델은 관객에게 다음 달에 자기 실험의 이론적 배경을 설명하겠다고 약속했다. 하지만 일은 멘델의 예상처럼 잘 풀리지 않았다. 사람들은 멘델의 정교한 수학적 연구를 따라갈 수 없었고, 자기들이 듣는 이야기가 무슨 내용인지 진정으로 이해하는 사람이 단 한 명도 없었다. 당시의 회의 의사록을 보면, 학술회가 완전히 끝날 때까지 질문도, 토론도 전혀 없었다고 한다. 의사록 작성자들은 잘 알겠지만, 이런 상황은 청중이 강의 내용에 관심이 없을 때 나타난다. 이때도 참석자 중 아무도 할 말이 전혀 없었던 것이다. 그 누구도 과학 교사의 연설에 감히 이의를 제기할 생각도 하지 못했고, 결국 이 이상한 분위기의 학술회의와 유전에 집착하는 매력적인 수도사는 함께 나락으로 떨어지고 만다.

멘델은 실망했지만 용기를 잃지는 않았다. 친구 니슬Niessl의 말을 따르면 멘델은 자기 발견을 매우 중요하게 여겼고 언젠가는 자신의 시대가 올 것을 알았다고 한다.

실제로 멘델이 연구하는 내용을 담은 '식물의 교잡종에 관

그림 14. 브르노의 성토마스(St. Thomas)수도원의 아우구스티누스회
수도사들(1862). 오른쪽에서 두 번째, 나뭇가지를 보는 사람이 멘델이다.

한 실험'은 1866년 학회지에 실렸다. 이 글이 인쇄되어 나오자마
자, 멘델이 자신의 연구 내용 사본을 당시 생물학과 식물학 분야
에서 가장 영향력 있는 학자 중 한 사람인 모나코대학 교수 카를
네겔리Carl Naegeli에게 보냈지만, 그 역시 아무것도 이해하지 못했
다. 멘델은 그 저명한 대학교수에게 수없이 편지를 보내면서 자
기 실험 결과의 중요성을 설명하려 했지만, 네겔리는 여전히 아
무것도 이해하지 못했다. 네겔리 교수는 유전에 관한 그 많은 서

적과 논문을 옆에 두고도 멘델의 이론을 한마디도 언급하지 않았고, 그렇게 입을 다무는 것만이 자신의 명성을 지키는 길이라 확신했다.

멘델의 이름과 그의 연구는 얼마 가지 않아 사람들의 기억에서 완전히 잊혔다. 하지만 1884년 멘델이 신장 감염으로 사망하자 마치 세계 최고의 아우구스티누스수도원 원장이라는 지위를 과시하듯 성대한 장례식이 치러졌다. 동료 수도사가 쓴 진혼곡 연주에 레오스 야나체크(Leos Janaceck, 체코의 유명 작곡가—역자)가 참여했고, 교회가 사람들로 북새통을 이뤘다. 생전에 그를 알고 사랑한 사람들과 그가 도와준 수백 명의 가난한 자, 과학 교사 시절의 수많은 제자, 동료 사제들까지 애도의 발길이 끊이지 않았다. 조문객들은 친구나 후원자를, 또 어떤 사람들은 교회의 중요한 고위 관직자를 잃었다고 슬퍼했다. 하지만 그 누구도 10여 년 후부터 유전학의 창시자라 불릴, 전 시대를 통틀어 가장 위대한 과학자 중 한 명을 잃었다는 것은 알지 못했다. 천재적인 과학자 멘델의 독창적인 연구들은 현재에 이르기까지 인류에게 풍요로운 열매를 줄곧 선물해왔고, 앞으로도 계속 그럴 것이다.

2013년 3월, 그 넓은 영국의 옥스퍼드대학 강당이 기자들로 가득 찼다. 주요 신문사 파견단을 비롯해 수많은 국가에서 방문한 전문가들이 대학 측에서 주최한 기자 회견이 시작되기를 기다

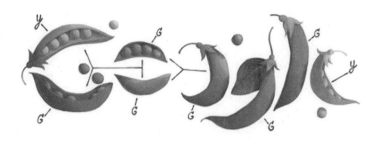

그림 15. 2011년 7월 20일 구글(Google) 홈페이지. 완두콩 깍지와 콩으로 장식한 로고로 멘델 탄생 189주년을 기념했다.

렸다. 연단에는 옥스퍼드대학 총장과 연구원 수천 명이 참여한 '인간유전체학연구센터Welcome Trust Centre for Human Genetics' 프로젝트 협력자들이 자리하고 있었다. 150년 전 브루노의 고등학교에서 그랬던 것처럼 사람들은 그레고어 요한 멘델 신부에게 열광했는데, 잠시 후 그의 콩을 소재로 한 실험이 기반인 연구 내용이 발표될 것이었다. 항암 치료 분야에 역사적인 새 장을 열 만한 내용이었다. 최신 디엔에이DNA 배열 분석 기술 덕분에 영국 보건부는 첫 번째 다중 유전자 테스트를 할 수 있게 됐다. 이 테스트는 암세포 속에서 46개의 유전자 변이를 검출한 것으로, 각 환자에게 필요한 개인화한 치료를 결정하는 데 중요한 역할을 하게 된다.

암을 완치할 날이 점점 가까이 다가오고 있다. 이는 옥스퍼드대학의 과학자들뿐만 아니라 멘델 수도사의 연구 덕분이다.

그림 16. 에프라임 웨일스 불

북아메리카에서 포도 품종을 발견한 콩코드 포도의 아버지

에프라임 웨일스 불(Ephraim Wales Bull, 1806~1895)

비티스 비니페라(*Vitis vinifera*, 포도주 생산에 사용되는 포도 품종-역자) 포도로 생산하는 전통 있는 포도주가 자기 것이라는 자부심이 대단한 유럽인에게는 북아메리카가 포도 생산지였다는 사실이(지금도 포도를 생산한다) 거의 알려지지 않았다. 1000년 무렵 해안을 탐험하던 바이킹은 이 포도 농원을 바인랜드Vineland라고 부르곤 했다. 1621년 에드워드 윈즐로(Edward Winslow, 청교도 지도자-역자)는 뉴잉글랜드(New England, 메인·뉴햄프셔·버몬트·매사추세츠·로드아일랜드·코네티컷의 6개 주를 포함하는 미국 동북부 대서양 연안에 있는 지역-편집자)에 "흰색과 붉은색에 매우 달고 매우 강한 포도가 열리는 나무가 있었다."라고 기록한 바 있다. 캘리포니아에 정착한 초창기 예수회 선교사들은 이 지역의 풍부한 포도 생산량에 놀랐고, 이 포도를 포도주 생산에 사용하기로 한다. 그러나 이러한 시도의 결과가 그다지 신통치 않았는지 얼마 가지 않아 포도주 생산에는 유럽의 비티스 비니페라 품종이 쓰이게 되었고, 그중에서도 세계적으로 유명한 미션Mission 포도가 북아메리카에 최초로 도입될 유럽산 포도나무로 선택되어 1700년 중반부터 1860년까지 한 세기 넘게 재배됐다. 일단 한 번 유입된 유럽산 포도나무는 아메리카 대륙에 유럽산 포도의 유행을 불러일으켰고, 이는 포도주용 포도로서 가장 많이 퍼졌다.

비티스 람브루스카Vitis lambrusca나 비티스 아에스티발리스Vitis aestivalis, 비티스 로툰디폴리아Vitis rotundifolia와 같은 아메리카 토종 포도나무를 선호하지 않게 된 이유는 이 지역에서 자라는 포도가 포도주로 만들기보다는 가공하지 않고 먹기에 훨씬 더 적합했기 때문이다. 그러나 지금도 그렇지만 그 옛날에는 포도주 시장에 대한 관심이 더 높았기에 수익이 아주 미흡한데도 초창기 미국 포도 재배 업자들은 포도주 분야에만 매달렸다. 그렇게 미국 포도 농업에 장밋빛 미래는 없을 것 같다가 19세기 중반, 포도주 업자 대부분이 일반용 포도 생산에 주력하려고 포도 농장을 변경하기로 마음을 돌리면서 희망의 빛이 보이기 시작한다. 이들이 선택한 품종은 바로 콩코드Concord 포도였다. 생산성과 미래에 대한 전망이 보였던 이 새로운 품종을 재배한 덕분에 대부분은 성공을 거두었다. 이 품종은 품질이 월등해 단 몇 년 만에 아메리카 대륙 전체에서 재배되는 가장 중요한 포도가 된다. 앞으로 우리가 살펴볼 주인공이 바로 이 콩코드 포도와 이 품종을 개발한 에프라임 웨일스 불이다.

은세공 업자 에파프라스 불Epaphras Bull의 장남 에프라임 웨일스 불은 1806년 3월 4일 매사추세츠 주 보스턴, 밀크가Milk street에서 태어났다. 약 한 세기 전, 에프라임의 집이 있던 곳에서 몇백 미터 떨어지지 않은 곳에 벤저민 프랭클린Benjamin Franklin의 생가가 있었다. 지금은 보스턴 한복판에 있지만 에프라임이 살았던 당시 밀크가는 뒤뜰에 넓은 정원을 낀 주택이 즐비한 지역이었다. 어린 에프라임은 그런 정원에서 자라면서 자연스럽게 식물에 애정을 품게 됐고 처음으로 포도나무 재배도 시도한다. 에프라임은 어릴 때부터 특별한 재능을 타고났다는 것을 증명하듯 교육계에서 알아주는 각종 대회에서 수상하는 동시에 금세공사 수습도 시작해 매우 얇은 금판을 세공하는 일을 전문적으로 배운다. 그리고 정말 단기간에 촉망받고 인기 있는 장인이 된다.

그러나 안타깝게도 왕성하게 활동하던 어느 날, 작업 중에 날아다니는 금속 가루를 너무 많이 마셔 폐가 약해진 에프라임은 건강이 나빠져 금세공사 일을 계속할 수 없게 된다. 처음에는 그다지 위중해 보이지 않던 그의 건강 상태는 급속도로 악화해 보스턴을 떠나야 할 지경까지 이른다. 그렇게 해서 에프라임은 석양 무렵에 부는 싸늘한 바람을 피해 북서쪽으로 약 20마일이나 떨어진 작은 농업도시 콩코드로 이사한다. 에프라임은 어쩔 수 없이 이사하게 되기는 했지만, 그것이 그다지 나쁜 일만은 아니라고 생각했다. 귀금속을 만지는 일은 더는 할 수 없었지만, 예전부터 식물을 무척 사랑해서 취미로만 삼아온 원예를 드디어 본업으로 삼을 수 있게 됐기 때문이다. 그렇게 해서 1836년 말, 우리의 에프라임은 콩코드에 있는 70에이커 규모인 조그만 농장의 행복한 주인이 되었고, 그 농장에서 포도나무 재배를 향한 그의 열정을 키울 수 있었다.

콩코드에서 펼쳐지는 이야기가 에프라임의 인생에서 부차적인 일들은 절대 아니다. 오히려 이 작은 마을로 이사하지 않았다면 특별히 할 이야기도 없었을 것이다. 물론 그렇지 않을 수도 있지만, 그건 누구도 확실히 말할 수 없는 것 아닐까? 어쨌든 당시 콩코드는 이름 없는 시골 마을이 절대 아니었다. 미국의 역사와 문학에 한 획을 그은 중요한 사건은 기가 막힌 우연으로 일어난 경우가 많은데, 그 수많은 사건이 매사추세츠 주에 속한 이 작은 마을에 집중된 듯하다. 1775년도에 이곳 콩코드에서 미국독립전쟁이 시작되었고, 그로부터 십몇 년 후에는 작가이자 철학자인 랠프 월도 에머슨Ralph Waldo Emerson이라는 인물을 중심으로 그의 가족 같은 올콧Louisa may Alcott과 헨리 데이비드 소로Henry David Thoreau를 비롯한 지식인 추종자의 시·철학 운동인 미국 초절주의Transcendentalism가 나타나기 시작했다. 너새니얼 호손Nathanierl Hawthorne도 콩코드에서 에프라임의 농장과 가까운 곳에 살았다. 이웃이 된 너새니얼 호손과 에프라임 두 사람은 남다른 개성이 비슷하다는 점에서 일단 서로 호감을 느꼈다. 물론 호손은 소비자의 입장에 더 가까웠지만, 어쨌든 두 사람 모두 포도주에 애정이 깊다는 공통점 때문에 더 친해졌다. 운명적으로 굳건한 우정을 나눌 수밖에 없는 이웃이었던 것이다. 너새니얼 호손의 아들 줄리언 호손Julian Hawtorne은 자신의 책《호손과 그의 사교 모임 Hawthorne and his circle》에서 에프라임을 이렇게 설명했다.

콩코드 포도를 개발한 에프라임 웨일스 불은 그의 이름에서 느껴지는 강한 기운과 전혀 다른 사람이었다. 그는 솔직하고 정직해서 우리 아버지가 무척 좋아했고, 그도 아버지에게 지대한 호감이 있었다. 그는 키는 작지만 건강하고, 긴 팔에 앞머리를 내린 큰 머리, 덥수룩한 수염과 그 위로 유난히 반짝이고 예리해 보이는 두 눈동자가 인상적이었다. 그는 손재주도 좋고 힘도 셀 뿐 아니라 지적이고, 나무를 일일이 하나씩 다 관리하면서 포도 농장 일 4분의 3을 혼자 해치웠다. … 에프라임은 우리 집에 자주 찾아와 아버지와 정원에 앉아 포도나무 재배에 관해 이야기하다가 정치며 사회학에 관한 이야기(아마 이때 다른 누군가의 이름도 등장했을 것이다), 도덕적인 문제를 논하고는 했다.

새로운 농장과 콩코드의 열정적인 문화적 환경 덕분에 에프라임은 포도나무에 대한 관심과 함께 원기까지 완전히 회복할 수 있었다. 되찾은 열정의 에너지로 충만해진 에프라임은 포도의 품질을 높이고자 실험에 실험을 거듭한다. 그러나 매사추세츠는 포도 재배에 완전히 적합한 곳은 아니다. 온갖 노력을 쏟아부었지만 콩코드의 궂은 날씨는 포도의 올바른 숙성을 방해했다. 하지만 에프라임은 쉽게 좌절하지 않았고, 1841년부터는 초가을 추위가 시작되기 전에 조기 숙성할 수 있는 미국산 포도나무 품종을 개발하려는 자신과의 싸움을 시작한다. 다행히 우연스럽게 몇 해 전인 1835년 벨기에에서 화학자이자 식물학자, 원예가인 동시에 루뱅Louvain에서 화학과 농경제학 교수로 활동 중인 장바티스트 반몽스(Jean-Baptiste Van Mons, 1765~1842)가 《과실수Arbres Fruitiers》를 출간했다. 이 책에는 종자 파종 주기를 이용해 새로운 품종을 선택하는(여기서는 배로 실험했다), 이제까지 단 한 번도 기록된 적이 없는 최초의 실험 결과가 수록되어 있었다. 이 책에서 반몽스는 당시까지 불가능하다고만 여겨졌던 결과물을 얻는 비법을 이렇게 설명했다.

> 내가 찾아낸 이 기술은 직계 후손 대에서 세대와 세대 사이에 휴식기 없이 최대한 빨리 개선된 품종을 생산하는 방법이다. 파종하고 또 파종하고 다시 한 번 파종하고 계속 파종하는, 간단히 말하면 씨만 뿌리는 것인데, 이것이 이 기술을 적용할 때 해야 할 일이고, 여기에 변화를 주거나 하면 안 된다. 내가 사용한 기술의 비법이 바로 이것이다.

반몽스의 방법을 따라 하기로 한 우리 에프라임은 한동안 매사추세츠 주 전역을 종횡무진으로 다니면서 자신이 원하는 특성을 보이는 포도나무 종자를 찾고, 가장 잘 자랄 것 같은 씨앗을 뿌려 그 후손을 관찰한다. 그런데 이렇게 탐사를 다니던 어느 날, 그는 자기 농장과 그리 멀지 않은 어느 언덕 끝자락에서 홀로 자라는 식물 하나를 발견한다. 에프라임은 이 식물에 자신이 찾는 특성이 많이 있다는 것을 단번에 알아챘고, 실제로 이 식물이 콩코드 포도의 모태가 된다. 이 식물은 미국산 포도나무인 비티스 람브루스카로, 생산성이 우수할 뿐 아니라 에프라임이 원했던 수준으로 조기에 숙성하는 특성도 있었다. 실제로 이 식물은

8월 하순에 포도 열매가 숙성할 것 같았다.

제일 먼저 해야 할 일은 씨앗을 사용할, 가장 먼저 성숙한 최
고의 포도나무를 찾는 것인데, 나는 운 좋게 산자락에서 그런
나무를 찾았다. 수확량도 풍부하고 품질도 야생 포도나무로
서는 매우 좋았다.

에프라임은 다음 세대에서는 더 좋은 결과를 얻을 수 있으리
라 판단해 이 식물, 즉 비티스 람브루스카를 자기 농장에 옮겨 심
었다. 이곳에서 원래 그의 소유였던 다른 포도나무와 자연스럽
게 수분이 이루어졌을 것으로 보인다.

1843년 가을 떨리는 마음으로 씨를 뿌렸다. 이때 싹이 난 줄기
중에서 살릴 만한 가치가 있는 것은 콩코드뿐이었다.

이후 3세대에 거쳐 우량 씨앗을 선택한 에프라임은 1848년도
에 드디어 세상에 자기 발명품을 발표할 준비를 마친다. 처음에
는 이웃과 고향 친구들에게 포도를 맛보였다. 시식 결과는 언제
나 대성공이었다. 친구들은 에프라임이 그들에게 선물로 갖다
준 잘 익은 포도를 먹어보고 다들 한결같이 처음 먹어보는 최고

그림 17. 노년의 에프라임 웨일스 불이 농장에 있는 모습

의 맛이라고 칭찬했다.

에프라임은 자기 포도를 이렇게 설명했다.

이 포도는 모두 좋아하는 맛으로 가끔 무게가 1파운드까지 나가기도 한다. 알갱이가 굵어서 어떤 때는 지름이 엄지손가락만 하기도 하다. 색은 불그스름한 검은색인데 조밀하고 푸른빛이 도는 얇은 층으로 한 겹 싸였으며, 껍질이 매우 얇다. 즙이 풍부하며 달콤하고, 향긋한 냄새도 난다. 과육은 매우 조금이다. 목질은 내구성이 강하고, 넓게 펼쳐진 잎의 수가 많으며, 잎맥의 안쪽 표면에 솜털이 있다. 녹병(Rust, 녹처럼 식물의 잎에 생기는 곰팡이병-감수자)이나 다른 곰팡이병이 생기는 일이 없다. 9월 10일 정도면 열매가 다 익는다.

이후 5년 동안, 맛도 좋고 추운 기후에도 강한 이 포도의 명성은 미국 전역으로 퍼져 나갔다. 1853년 콩코드 포도는 보스턴에서 '매사추세츠원예협회Massachusetts Horticultural Society' 회의를 계기로 정식으로 데뷔한다. 그런데 에프라임이 전시용으로 보낸 포도가 어찌나 컸는지 미국 포도 표준 범위 내에 포함되지 않아 채소로 분류되어 전시되는 해프닝이 벌어졌다. 시스템 오류 문제가 해결된 후에야 제대로 전시된 콩코드 포도는 이후 엄청난 성공을 거둔다. 원예협회 회원들은 이 신품종의 가치 평가 항목에 "드디어 뉴잉글랜드에서 성장하고 번성할 수 있는 포도 품종(다른 품종보다 훨씬 더 크고 우수한 품종)이 개발됐다."라고 기록했다.

높아지는 포도의 인기와 당시 미국에서 재배되는 다른 포도들보다 월등한 품질 덕분에 신품종 묘목의 수요는 거의 수직으로 상승했다. 혼자 힘으로 점점 늘어나는 수요를 맞추기에 역부족했던 에프라임은 보스턴의 한 회사에 포도나무의 생산과 판매를 맡긴다. 든든한 지원군까지 등에 업은 에프라임은 땅 부자가 되는 길로 제대로 들어섰다고 확신했다. 그가 그런 꿈을 꾼다고 흉볼 사람은 아무도 없었다. 온 나라가 이 기적 같은 신품종 포도 이야기에 열을 올렸고, 갓 탄생한 미국의 식품 산업은 콩코드 포도 생산량의 꾸준한 성장을 요구했기 때문이다. 누구든 땅이 조금이라도 있으면 에프라임의 특별한 포도나무를 먼저 기르려 했다. 그렇게 해서 신품종 포도의 초창기 재정 상태는 괜찮은 것 같았다. 판매를 시작한 첫해에 하나에 5달러짜리 묘목을 팔아 3200달러라는, 당시에는 상당한 금액을 벌었으니 말이다. 그리고 재정 상태는 점점 더 나아지는 것 같았다. 그런데 어느 날 갑자기 이상한 상황이 벌어졌다. 콩코드 포도가 명성을 얻으면 얻을수록 판매량이 감소하기 시작한 것이다. 처음에는 서서히 줄어들더니 어느 순간부터 급속도로 감소해 단 몇 년 만에 수익이

The Bull House, Home of the Concord Grape

그림 18. 에프라임 웨일스 불이 살았던 콩코드의 소박한 집

0으로 붕괴해버렸다. 도대체 어떻게 된 것일까? 간단히 설명하면, 당시에는 새로운 품종의 식물을 개발한 사람을 보호하는 장치가 전혀 없었다(식물의 특허가 가능해진 것은 1930년 미국에서 특허법이 발효되면서부터다). 그래서 수많은 묘목 업자가 좋은 사업거리가 나타났다는 것을 눈치채고 말 그대로 수백만 그루의 콩코드 포도나무를 생산하기 시작했고, 이때부터 콩코드 포도의 개발자는 한 푼의 수입도 거둬들일 수 없게 된 것이다.

신품종 개발자를 위한 그 어떤 형태의 보호 장치도 없었던 당시의 시대적 환경 때문에, 에브프임은 자기를 스스로 보호할 방법이 아무것도 없었다. 확실히 부자가 될 가능성이 한순간에 연기가 되어 사라지는 것을 보는 일이 사람의 성격에 좋은 영향을 끼칠 리가 없다. 당연히 에프라임도 작지 않은 충격을 받았다. 그는 이때부터 그 누구도 믿지 않았고 새로운 삶의 방식, 즉 더불어 사는 삶이 아닌 자기 자신만을 위하는 혼자만의 삶을 살아가는 방식을 익히기 시작한다.

부자가 될 수는 없었지만 어쨌든 에프라임은 꽤 유명했다. 그래서 이 명성을 이용해 정치계에 발을 들여놓았을 때, 그는 어렵지 않게 하원의원으로 선출되고 매사추세츠농업위원회 위원장 자리까지 차지한다. 그러나 지금도 그렇지만 그 시대에도 정치 생활이라는 것이 식물을 사랑하는 사람에게는 적합하지 않았던

그림 19. 루이자 메이 올컷   그림 20. 랠프 월도 에머슨

것 같다. 에프라임 본인도 정치에 대한 흥미를 금방 잃고 원래 자
리로 돌아와 신품종 포도나무를 고르는 일을 다시 시작한다. 이
후 몇 년 동안 에프라임은 22개의 우량 신품종 포도나무를 선별했
고, 아무도 사용하지 못하도록 한 채 오랜 세월 혼자만 이익을 챙
겼다. 콩코드 품종으로 첫 경험을 혹독하게 치른 에프라임은 탐
욕스럽게 자기 식물을 지키는 사람으로 변해버린 것이다. 요즘
우리가 사용하는 표현을 빌려 에프라임의 행동을 설명하자면 편

그림 21. 너새니얼 호손

그림 22. 헨리 데이비드 소로

집중 환자의 그것에 가까웠다. 사람들이 이 월등한 품질의 신품종에 접근이라도 해보려고 정중하게 부탁도 하고, 직접 찾아오기도 하고, 압력을 넣어보기도 하고, 사탕발림으로 유혹까지 해보았지만, 모두 헛수고였다. 그 누구도 에프라임의 신품종에는 가까이 갈 수 없었다.

에프라임은 젊은 시절 건강에 문제가 있었는데도 장수했다. 여든다섯 살까지도 본인이 직접 포도나무를 가꿀 정도로 건강했다. 그러나 성격은 판이해져 음침하고 우울하고 묘목 업자에 대한 분노로 가득했다. 사람들이 새로 개발한 포도 품종들을 보급하지 않을 거냐고 물으면 그는 화를 내며 "묘목 업자는 모두 도둑이라 신품종까지 다 훔쳐갈 것이다."라고 대답하곤 했다. 그러던 1893년 가을 에프라임은 포도나무를 옮기려고 사다리에 올라갔다가 떨어져, 그때부터 계속 치료를 받아야 했다. 당시 그는 혼자였던 데다 경제적인 사정도 좋지 않아 콩코드요양원으로 들어갔고, 그곳에서 꼼짝도 않으려 했다. 1894년에 〈월간 미한 *Meehan's Monthly*〉이라는 잡지에서 에프라임과 그가 개발한 품종을 칭찬하는 기사를 실은 바 있다.

우리 사회에 이 맛있는 과일이 없으면 어땠을까 생각해보자. 분명히 연간 수입이 지금보다 수천 달러 정도 적을 테니 조금 더 가난한 상태에 놓였을 것이다. 에프라임이 이 나라를 위해 한 일은 자동 권총 콜트Colt나 재봉기 싱거Singer를 도입한 것과 똑같은 가치가 있다. 그는 어떤 농부는 그저 그런 포도라며 쓸모없다 여기고 새 먹이로 내팽개쳐 둘 수도 있었던 품질의 포도를 선택했다. 그리고 수년간 길고 지루한 선별을 반복해 품종을 개선하여 우리에게 이렇게 맛있고 경제적이고 건강에 좋은 포도를 선물했다. 수 세기 후, 지금 세대가 사라진 후에도 이 포도는 수많은 사람을 기아에서 구하고 그들의 입을 즐겁게 할 것이다.

에프라임은 1895년에 사망했다. 그의 유해는 슬리피홀로 Sleepy Hollow 묘지의 생전에 그토록 사랑했던 시인과 작가인 에머슨, 소로, 호손 곁에 묻혔다.

그는 자기 묘비에 직접 비문을 썼다.

에프라임 웨일스 불 1806~1895
그가 씨를 뿌리고
다른 이들이 수확했다.

2장

"그에게서 열정이 사라진 모습은 단 한 번도 볼 수 없었다. 그는 영광을 사랑했고 학업 속에서 영혼의 평화와 삶의 위로를 찾으려 했다. 그는 속이 깊고 마음이 풍요로워 결코 오만함에 빠지지 않았으며 승승장구하는 상황에서도 겸손했다. 몹시 마음이 관대하며 … 청렴하고 소박하고 부정한 소비를 하지 않으며, 순수하고 다정다감하고 충실하고 그 누구와도 비교할 수 없을 정도로 바른 사람이었다."

– 마르첼로 말피기 중에서

그림 23. 찰스 해리슨 블랙클리

꽃가루 알레르기를 발견한
과학계의 셜록 홈스

찰스 해리슨 블랙클리(Charles Harrison Blackley, 1820~1900)

누구나 한 번쯤은 꽃가루 알레르기를 들어본 적이 있을 것이다. 직접 경험해봐서 알 수도 있고 아는 사람 중 누군가 그 알레르기로 고생해서일 수도 있는데, 어쨌든 모르는 사람은 없을 것이다. '건초열'이라고 하는 이 병에 걸린 환자 수는 의심 환자를 포함해 전 세계 전체 인구 중 2퍼센트에서 15퍼센트에 이른다. 콧물, 충혈, 재채기, 천식과 가슴의 압박감 등 이 병의 증상은 너무 흔하지만, 수 세기 동안 실질적인 원인은 밝혀지지 않아 모르는 채 넘어가거나 감기, 추위, 신경쇠약, 먼지, 햇빛, 습기, 오존을 비롯해 황당하게도 사회 계급이나 교육 수준이 원인이라고 치부되기도 했다. 그렇게 사람들은 오랜 세월 이런 증세에 대해 무지했는데, 1880년 영국의 괴짜 동종 요법(질병의 원인인 물질을 약독화해 극

소량 사용하여 병을 치료하는 방법–편집자) 전문의 찰스 해리슨 블랙클리가 혼자서 집요하게 일련의 실험을 한 덕분에 모든 원인은 꽃가루라는 것이 증명됐다. 이번에 우리가 할 이야기는 바로 찰스 해리슨의 발견에 관한 것이다.

최초의 건초열 감염자로 알려진 사람은 히피아스(Hippias, 고대 아테네의 참주 – 감수자)로 알려져 있다. 히피아스는 아테네에서의 가혹한 정치로 쫓겨난 후 페르시아군의 앞잡이가 되었다가 마라톤전투에서 참패하고 이후 건초열로 사망했다고 전해진다. 건초열 증세에 관한 일화는 고대 연대기 곳곳에서 찾아볼 수 있다. 그러나 이 병에 대한 확실한 설명은 아부바크르 무함마드 이븐 자카리야 알라지Abū Bakr Muhammad ibn Zakariyya al-Razi, 라틴계에서 라제스(Rhazes, 레이Rey 출생, 865~930)라는 이름으로 알려진 사람이 '장미꽃이 필 때 사람들의 머리가 붓고 카타르(Catarrh, 코나 목의 점막 염증)가 생기는 이유에 대하여'라는 암시적인 제목의 글을 쓸 때까지 기다려야 했다.

1818년에는 저명한 의사였던 윌리엄 허버든(William Heberden, 1773~1845)이 만성 카타르를 설명한 적이 있다. "매년 4월이나 5월, 6월, 혹은 7월이 돌아오면 이 증상이 나타나서 한 달 정도 심하게 앓는 사람을 네다섯 봤다." 그리고 발열에 대한 자세한 보고를 처음으로 신빙성 있게 제시한 사람은 존 보스톡(John

Bostock, 1773~1846)으로 1819년에 자신이 20년 이상 앓아 오던 정기적인 눈과 가슴의 '고뇌'를 설명했다. 이 병은 '눈과 가슴에 정기적으로 찾아오는 질환'처럼 나타나고 '매년 6월 중순 무렵'에 시작된다.

> 항상 그런 것은 아니지만 일반적으로 … 무엇인가 돌발적인 이유로 발생하는 것 같은데, 습기가 있는 시기와 강한 빛, 먼지는 확실한 원인이고, 그 밖에 눈과 접촉하는 기타 물질과 온도를 상승시키는 주변의 모든 것이 원인이 될 수 있다.

1829년 보스톡은 이 병을 '카타루스 아에티부스catarrhus aestivus'라 부르면서 이에 대한 최신 정보 몇 가지를 발표하고, 이 질병이 '사회의 중간층과 고위층, 일부 정말 높은 계층'에 속하는 사람들에게서만 나타난다고 봤다. 간단히 말해 부유한 고객들이 병이 말끔히 낫기만 하면 돈을 낼 준비를 하고 있으니 치료법을 찾아내는 사람은 거액을 벌 수 있었다. 경제적인 차원에서 사회적 지위를 올릴 기회가 생기자 경쟁이 시작됐다.

과학계에서 벌인 경쟁도 만만치 않았다. 전 세계 연구가들이 이 새로운 감염성 질환의 원인을 먼저 찾아내려는 한판 대결에 뛰어들었다. 이렇게 해서 당시, 19세기 후반에, 건초열의 발병 원인과 가능하면 치료법까지 찾아내고자 하는 열띤 경쟁이 시작된다. 그리고 곧이어 좋은 소식들이 여기저기서 들려왔다.

1869년 헬름홀츠Helmholtz라는 의사가 건초열에 관한 이론을 발표했는데, 그의 논리에 따르면 병의 원인은 비브리오vibrio였다. 이 균은 비강(코안)과 부비강(코곁굴)에 1년 내내 들어 있지만(이를테면 부비동염과 같은 병) 더운 하절기에만 활동에 들어간다는 것이다. 헬름홀츠는 효과적인 치료법과 퀴닌(quinine, 해열·진통·말라리아 예방 등의 효과가 있는 알칼로이드-역자) 주사를 놓는 좋은 예방법까지 찾아냈다고 알렸다. 이것은 '적충류(원생동물)', 즉 식물성 혼합물에서 발전하는 모든 미생물을 죽일 수 있는 인자로 알려진 지 얼마 안 된 방법이었다. 이 미생물은 1676년 안톤 판 레이우엔훅(Anton van Leeuwenhoek, 현미경을 최초로 발명한 과학자-감수자) 저수지에서 처음 발견한 것이었다.

1870년에는 로버츠Roberts라는 의사가 더 나은 방법을 제시한다. 그는 짤막한 에세이에서 코끝이 너무 차가운 것이 건초열의 주요 증상이라는 것을 처음으로 관찰한 것이 자신이라고 주장하면서 자신의 이 놀라운 발견에 응당한 보상을 받기를 바랐다.

이렇듯 다들 이런저런 주장을 하기는 했지만, 정작 실험을 통해 증명해 보인 사람은 아무도 없었다.

보통 이 질병에 잘 걸리는 이유는 특이체질이기 때문이라는

"It tickled my nose like a straw, and made me sneeze violently."

그림 24. 조너선 스위프트(Jonathan Swift)의 《걸리버 여행기(1726)》의 삽화 중 소인국 사람들이 머리에서 무릎까지 묶어놓고 비강에 파이프를 넣어 엄청난 재채기를 유도하는 장면

의견이 많지만, 때에 따라서는 그런 이유가 적용이 안 될 때도 있다. 예를 들어 점막 구조가 비정상적이거나 말단 신경에 관련한 문제가 있을 수도 있는데, 당시에는 이런 원인은 알려지지 않았다. 수백만의 사람이 건초열의 원인을 제시했지만, 모두 확률이 낮았고 이 증상을 호소하는 환자 수는 꾸준히 늘었다. 물론 이 질병이 딱히 겉으로 드러나는 원인 없이 발생하고 한번 걸리면 잘 낫지 않는다는 것은 잘 알았다. 오히려 이 증상을 연구하기 시작하면서 매년 여름 환자 수가 더 늘어나는 것 같았다.

이 질병의 소인적 요인(어떤 형태의 장애에 대해 민감성을 보이는 요인-역자)은 인종과 기후, 교육 및 성별인 것으로 보인다. 인종적 영향은 이 질병의 확산에 대해 처음으로 진지하게 연구하기 시작하면서 영국인과 미국인만 건초열을 앓는 것 같아 포함된 원인이다. 노르웨이와 스웨덴, 덴마크 등의 북유럽에서 토착민이 이런 장애를 보인 사례가 없었고, 프랑스나 독일, 러시아, 이탈리아, 스페인 출신인 사람만 드물게 이 병에 걸렸다. 또한, 아시아와 아프리카에서도 그곳에 거주하는 영국인만 건초열에 걸리는 것 같았다. 결정적으로 인종적 요인이 영향력이 있다고 확인된 곳은 뉴욕이었다. 뉴욕 시민 사이에서는 해마다 정기적으로 건초열 환자가 발생하는데 독일이나 프랑스, 이탈리아 출신은 뉴욕에 있어도 이 증상을 보이는 경우가 한 번도 없었다. 말하자면, 연구 초반기에는 건초열이 앵글로·색슨계만의 문제로 보인 것이다. 그리고 문명과 관련된 원인도 있었다. 당시 잠깐 건초열은 세련된 사람이 걸리는 병이라는 인식이 성행해서 이 병에 걸리면 과시하려는 성향이 있었다. 한때 혈우병을 왕가의 병으로 봤던 상황과 비슷했다. 이 병에 걸린 사람이 거의 다 교육을 많이 받고 사회적으로 고위층인 사람이었고, 시골에 사는 사람보다 도시에 사는 사람의 발병률이 더 높아 엘리트 계층의 병이라는 이미지가 점점 더 강해졌다.

이 시기, 병원학과 이 질병의 발전에 대한 관심이 맹렬한 속도로 증가하면서 블랙클리 박사가 거의 시대의 주인공으로 떠올랐다.

찰스 해리슨 블랙클리는 1820년 4월 5일 영국 볼턴Bolton에서 태어났다. 그는 고향에서 젊은 나이에 직업전선에 뛰어들어 인쇄공부터 시작해 금속판 조각가로 일했다. 그러나 정작 그의 열정은 다른 곳에 있었다. 그는 어릴 때부터 자연과 자연의 신비에 흠뻑 빠져 식물학과 화학을 공부하고 독학으로 현미경학의 기초를 깨우쳤다. 그렇게 열심히 연구하던 1855년, 그는 서른다섯 살의 나이에 앞날이 보장된 조각가로 쌓은 경력을 포기하고 과감하게 의학교수의 길로 접어든다. 그리고 3년 동안 연구에 매진해 1858년 맨체스터Manchester에서 동종 요법을 찾아낸다. 이것을 시작으로 그는 오랜 실험에 더욱 박차를 가했는데, 이는 1873년 《카타루스 아에티부스(건초열, 혹은 건초천식)의 원인과 특성에 관한 실험적 연구*Experimental Researches On The Causes And Nature Of Catarrhus Aestivus, Hay Fever Or Hay Asthma*》라는 제목의 책을 출간하면서 절정에 이른다. 이 책에 이어 1880년에는 속편(《건초열의 원인과 치료, 예방*Hay Fever: Its Causes, Treatment, and Effective Prevention*》)도 출간한다.

연구가의 일은 종종 형사의 수사와 비교되는데, 블랙클리 박사처럼 그런 비교가 딱 들어맞는 경우는 드물 것 같다. 찰스 해리슨 블랙클리는 작가 아서 코난 도일(Arthur Conan Doyle, 영국의 소설가로 《셜록 홈즈》 시리즈의 원작자−감수자)의 글에서 툭 튀어나온 사람 같았다. 그러나 의학계의 셜록 홈스 블랙클리는 베이커가Baker street의 세입자 셜록 홈스보다 훨씬 더 뛰어났으며 탐정과는 많이, 아주 많이 달랐다. 블랙클리가 바라던 것이 바로 그것이었다. 일단 외모부터가 그렇다. 우리가 가진 몇 장 안 되는 사진 속의 블랙클리는 초조한 표정에 대머리, 큰 코, 숱 많은 수염, 반들반들한 윗입술(링컨과 젊은 시절의 알렉산드르 솔제니친(Aleksandr Solzhenitsyn, 러시아의 반체제 소설가로 노벨상을 받았다−감수자)을 섞어놓은 것 같다) 등 19세기 중반 랭커셔Lancashire에서 아주 흔히 볼 수 있는 모습이었다.

블랙클리의 진정한 독창성 역시, 그의 튀지 않는 외모처럼,

겉으로 드러나지 않는다. 그의 합리화 방법이나 분석, 직관은 특별히 겉으로 드러나지는 않지만 동시대 그 어떤 학자들과 비교할 수 없을 정도로 독특했다. 그가 '건초열'에 대한 의혹을 푸는 데 필요한 수많은 창의적인 답안을 제시할 수 있었던 것은 과학 연구에 강하게 집착했기 때문이다.

셜록 홈스처럼 블랙클리도 "불가능한 요소가 포함된 것들을 제거하면, 진실이 남을 수밖에 없다."라고 생각하고 자신만의 원칙에 따라 하나씩, 하나씩 수많은 의혹을 벗겨 나간 것 같다. 블랙클리는 자세한 목록을 작성하려고 기센Giessen대학 의학과 교수 필리프 푀부스(Philipp Phöbus, 1804~1880)의 연구 내용을 살펴봤다. 1858년도에는 동료들에게 건초열의 원인과 증상, 특별한 치료법에 관한 정보를 구하기도 했다. 그렇게 얻은 정보를 간추려 3년 뒤에 출간하는데, 이 책에 수록된 결과들은 건초열에 대한 지식의 총체였다.

훌륭한 수사관처럼 블랙클리 역시 자신만의 연구 방법으로 끝없이 인내하면서 불가능한 원인을 제거해 나갔다. 그는 일단 가장 간단한 것부터 지우기 시작했다.

열과 빛은 사람들이 대부분 가장 유력하다고 꼽는 원인이었다. 당시 통속적인 개념으로 건초열은 풀이나 건초가 태양열의 영향으로 방출하는, 느껴지지 않는 향기 때문에 발생한다고 생각했다. 푀부스 교수는 이 질병이 '여름철 첫더위' 때문에 발생하는 것이고, '풀에서 방출되는 것들이 모두 합쳐져 강해지기 때문'이라고 봤다. 용의자 목록에서 열기를 빼는 것은 블랙클리에게는 별문제가 아니었다. 열이 단독으로 질병을 일으킨다고 보기에는 무리가 있었다. 정말 열이 문제라면 온도가 매우 높은 지역에서 건초열에 대한 이야기가 이렇게 안 나올 리가 없지 않은가? 그리고 열대 바다 중에서도 아주 뜨거운 지역을 항해하는 영국 해군의 배에 건초열이 성행해야 하지 않은가? 또한, 미국에서는 이 질병이 여름보다 가을에 훨씬 더 흔하다. 어쨌든 고온의 열, 한 가지만으로는 정말 설명이 되지 않는다.

빛에서도, 적어도 부분적으로는 열에서와 같은 논리를 적용할 수 있는데, 악명 높은 푀부스 교수는 이 질병의 출현에 빛이 확실히 영향을 끼친다고 단정해버린다. 이 경우에도 블랙클리는 예리하게 오류를 가려낸다. 예를 들어, 볕이 드는 시간이 매우 긴 지역, 즉 '백야' 지역에서는 실제로 건초열이 나타나지 않는데, 이것은 어떻게 설명할 것인가? 그리고 바다에서는 태양 광선의 강도가 최고로 치솟는 것으로 알려졌는데도 건초열이 있는 사람에게 바다 여행은 전혀 위험하지 않다고 여긴다. 이것은 어떻게 설명할 것인가? 이렇게 빛도 추론을 통한 논리를 통과하지 못해 용의자 명단에서 삭제됐다.

신빙성이 떨어지는 요인들을 삭제하고 난 블랙클리는 벤조산benzoic acid과 쿠마린courmarin, 다양한 천연 향료, 오존, 먼지 등 상당히 의심이 가는 후보들에게 관심을 돌려 자기 몸에 직접 실험해보았다. 먼저 벤조산부터 시작했다.

실온에서 벤조산을 증발시켜 수증기가 날아다니게 하거나 벤조산 용액 및 알코올을 코점막에 직접 도포했다.

그러나 이런 실험은 그의 아내를 화나게 했고, 그는 어쩔 수 없이 자기 방에 벤조산 용액이 증발하게 해두고 그 방을 완전히 밀폐했다. 그리고 열 시간 후 자신이 직접 방에 들어가 몇 시간 동안 벤조산 연기를 마셨다.

블랙클리는 이 실험을 한 해 동안 같은 주기로 각각 세 번씩 반복했다. 한 가지라도 놓치지 않고 실험하고자, 다양한 상태의 벤조산(액체, 고온, 알코올)을 리넨 조각에 묻혀 최소 한 시간 동안 한쪽 콧구멍 속에 넣어두고 다른 한쪽 콧구멍에는 벤조산을 묻히지 않은 리넨 조각을 넣어두었다. 알코올을 사용했을 때는 약간 따가운 느낌이 있었지만, 전혀 건초열 증상과 비교할 만하지는 않았다. 첫 실험에서 의욕적인 결과를 얻은 블랙클리는 쿠마린을 비롯한 다른 식물성 허브 물질들로 실험을 계속했고, 점점 더 과감해졌다.

아내가 집을 실험실처럼 사용하게 해주고 실험 장비나 기니 피그 같은 실험동물 등 그동안 금지하던 것들을 허락해주자 완전히 조심성을 잃은 블랙클리 박사는 염료와 방향유를 사용해온 집안을 쿠마린과 녹나무, 파라핀, 송정유(松精油, 송진을 수증기로 증류하여 얻은 식물성 기름-편집자), 페퍼민트, 노가주나무, 로즈메리, 라벤더 수증기로 가득 채웠다. 몇 개의 방에 실험 물질들을 넣어두고는 증기가 포화하면 외부로부터 방을 완전히 차단해 몇 시간 동안 방 안의 향기를 흡입했다. 이런 실험을 연중 다양한 시기에 각각 최소 네 번씩 실시했다. 그리고 모든 재료를 다양한 방법으로 자신에게 직접 실험했다. 실험 재료에 적신 모슬린 테이프를 콧구멍에 넣기도 하고 코안에 혼합액을 주입하거나 연고 형태로 만들어 윗입술에 발라두기도 했다.

블랙클리는 기회가 생길 때마다 심지어 집에 찾아오는 손님들까지 실험에 끌어들였다. 특히 젊은 동료들은 블랙클리의 단골 실험 대상이 됐고, 점점 더 자주 실험에 참여했다. 동료들은 블랙클리의 엉뚱한 실험이 그렇게 위험하다고 생각지 않아서 기꺼이 참여했다. 물론 그들은 잘못 생각한 것이었다. 실험용 기니 피그 노릇을 해준 손님들은 다들 저녁 식사 시간에 블랙클리 박사 부부의 거친 대화에 합류해야 했는데, 이 식사 자리가 자신의

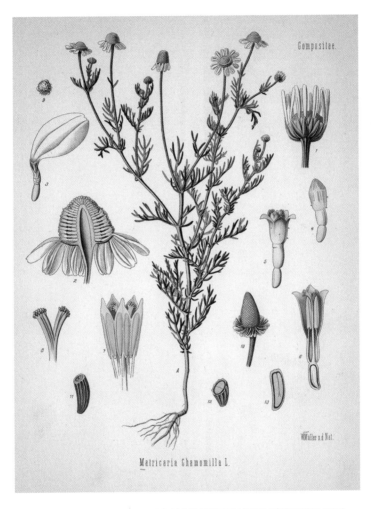

그림 25. 19세기 말 방향식물의 특성을 설명한 독일어판 서적 중 카밀러 꽃의 내부와 외부를 묘사한 삽화

사회생활에 큰 영향을 끼친다는 것을 깨달아야 했다. 어느 날, 블랙클리 박사는 바닷가에 놀러 갔다가 카밀러*Matricaria chamomilla*를 대량 수집해와 주방에 늘어놓고 말렸다.

이 식물을 신선한 상태로 대량 채집해 예전에 식당으로 사용하던 방에 펼쳐 놓고 휘발성 성분이 자유롭게 날아다니게 했다. 심한 두통과 메스꺼움, 현기증과 복부 통증이 주요 증상으로 나타났고, 두 번째 날에는 이런 증상들이 너무 힘들어 다 치워버리고 나니 편안해졌다.

이런 괴로운 통증은 아내와의 갈등을 비롯해 이제까지 해온 노력을 보상해주는 결과물이었다. 고통의 강도도 세고 힘들었지만, '누구도 이런 전형적인 건초열 증상을 증명해보인 적이 없었다.' 그렇게 해서 블랙클리는 건초열의 연구 범위를 조금 더 좁힐 수 있었다.

쿠마린과 식물성 향료 항목에 지친 블랙클리는 매우 유력한 후보인 오존으로 관심을 돌린다. 블랙클리는 오존 분자에 대한 호기심이 꽤 깊었던 듯하다. 당시 오존은 발견된 지 얼마 안 된 물질이었다. 1840년 바젤Basel대학에서 물을 전기분해하는 실험을 하던 중 화학자 크리스티안 프리드리히 쇤바인(Christian

Friedrich Schönbein, 1799~1868)이 실험실에 독특한 냄새가 생긴 것을 알아챈다. 이 독특한 냄새가 오래 지속된 덕분에 쇤바인 교수는 신종 가스의 존재를 확인할 수 있었고, 오래 지속되는 냄새라는 점에서 착안하여 그리스어로 '냄새를 풍기다'라는 뜻의 단어 오제인ozein을 모티브로 '오존ozone'이라 이름 붙인다. 이후, 폭풍과 같은 기상 현상이 일어날 때 오존 냄새가 난다는 것이 알려지면서 이 기체가 대기 중에 있다는 사실도 자연스럽게 밝혀진다. 쇤바인도 자신의 실험을 하던 중 별도의 실험을 시도하지만, 오존을 흡입하면 '가슴에 느껴지는 통증과 천식, 심한 기침'이 유발돼 연구를 중단할 수밖에 없었다.

쇤바인은 건초열과 같은 일부 질병이 대기 중 오존의 존재와 관계가 있을 것 같다는 의혹을 품기 시작한다. 그래서 바젤에 유능한 의사 단체들을 초대해 자기 환자들의 건초열 발병과 공기 중에 포함된 오존의 양이 어떤 관계가 있는지 확인해보게 했고, 대기 중 오존 농도가 유난히 높은 날이면 발병 환자의 수가 증가한다는 것을 알아낸다. 이제, 이러한 실험을 바탕으로 한 증거에 블랙클리의 호기심까지 더해지기 시작한다. 물론, 가장 먼저 해야 할 일은 대기 중 오존의 양을 측정하는 시스템을 찾는 것이었다. 당시 오존 분자가 발견된 지 얼마 되지 않은 데다가 이런 종류의 분석 시스템은 정말 흔치 않았다. 하지만 그런 시스템 없이는 건초열에 끼치는 오존의 영향력 연구는 시작도 할 수 없었다.

훌륭한 과학자가 다들 그렇듯, 블랙클리도 자신이 꼭 해야 하는 실험에 사용할 정확한 실험 장비와 분석 이론을 준비하는 데 집착했다. 그런데 그런 것들이 존재하지 않거나 신뢰가 가지 않으면, 블랙클리는 오존 실험의 경우처럼 최선을 다해 극복하거나, 앞으로 살펴볼 꽃가루 실험의 경우에서처럼 새로운 것을 개발했다. 오존의 경우, 블랙클리가 대기 중의 오존 측정에 적용할 만한 가장 일반적이고 믿을 만한 실험 방법은 '쇤바인의 카드'를 사용하는 것이었다. 실험에 관해 설명해보자면, 여과지에 과립 전분과 함께 요오드화칼륨을 올려놓는다. 그러면 대기 중에 있는 오존이 요오드를 요오드 소립자로 산화시키고, 이 요오드 소립자가 여과지에 있는 전분과 반응해 파란색으로 변하는데, 대기 중 오존의 양이 많으면 많을수록 파란색의 농도가 진해진다. 사용이 아주 간단하고 편한 실험 방법이었다. 실제로 쇤바인 카드 조각 몇 개만 준비해 도시 곳곳이나 현재 오존량을 알고 싶은 지역에 몇 시간 동안 공기와 접촉한 상태로 내버려두기만 하면 끝나는 실험이었다.

그러나 블랙클리는 이 방법은 실험 결과의 재현성이 부족하다는 점이 만족스럽지 못했다. 그래서 실험 방법의 재현성 자체를 확인해보려고 쇤바인 카드 조각 몇 개를 같은 장소에 나란히 배치해 동시에 동일한 공기와 접촉하도록 했다. 실험 결과 각각의 여과지에 나타난 결과가 서로 너무 달라 그는 경악을 금치 못했다. 공기 중의 오존 농도를 정확히 파악하지 못하면 어떻게 오존의 영향을 연구할 수 있단 말인가! 그러나 블랙클리는 절대 포기하지 않았다. 위의 실험에서 사용한 여과지는 런던의 유명 제조업체에서 제작한 것이었다. 블랙클리는 그 회사의 제품 품질이 의심스러워서, 결국 자신이 직접 테스트에 필요한 실험 도구를 만들기로 한다. 자체 제작한 재료로 얻은 결과는 훨씬 나아졌지만, 그가 원하는 정확한 결과를 얻으려면 아직 갈 길이 멀었다.

실험을 계속하면서 여과지 위 과립 전분의 배치에 문제가 있다는 것을 알게 됐다. 전분이 되도록 일정하게 펼쳐져 있어야 했다. 그것이 큰 약점이었다. 여과지에 과립 전분을 일정하게 펼쳐 놓는 일이 절대 쉽지 않았던 것이다. 절대 해결할 수 없는 문제인 것 같았다. 몇 개월 동안 다양한 방법으로 과립을 배열해봤지만 결과는 매번 만족스럽지 못했다. 그러던 어느 날, 바닷가로 휴가를 떠나 해변을 거닐던 중 썰물로 물이 빠졌을 때 해안에 완벽하고 균일하게 펼쳐진 모래 알갱이들을 보게 된다. 정말 한 줄기 빛이 내려오는 듯한 장면이었다. 블랙클리는 한시도 지체하지 않고 집으로 달려가 물의 움직임으로 여과지에 얇고 균일한 전분층을 형성하는 간단한 장비를 만든다. 이제 드디어 오존을 연구할 준비가 다 끝난 것이다! 테스트용 여과지까지 준비한 블랙클리는 이후 몇 개월 동안 영국 곳곳을 돌아다니며 공기 중의 오존량을 측정하고 각 지역에서 본인이나 다른 사람들에게 나타나는 건초열 증상을 비교했다. 맨체스터 시내와 변두리 지역, 근교 농촌에서 오존을 측정한 후 전국 곳곳, 여러 고도에 위치한 지역에서 계절이 바뀔 때마다 대기를 측정할 파견단까지 조직한다.

실험할 때마다 최소 여덟 시간 정도 여과지를 대기에 노출해야 했다. 그 긴 시간 동안 블랙클리는 측정 지역 근처에서 폐를 부풀려가며 호흡한 후 자기 몸에서 일어나는 반응과 주목할 만한 가치가 있다고 판단한 모든 것을 기록해야 했다.

실험이 진행되는 동안 내가 어떻게 하고 있었는지 살펴보면, 바위나 미리 정해놓은 암벽 끝자락에서 오랜 시간을 버틴 적이 많았다.

그는 정말 대단한 사람이었다. 한파가 몰아치는 겨울이든 폭풍이 불어닥친 날이든, 사계절 내내 아미쉬파(현대 기술 문명을 거부하고 소박한 농경 생활을 하는 미국의 종교 집단-역자)처럼 수염을 기른 블랙클리 박사가 노트와 온도계, 풍속계를 비롯한 실험 도구를 챙겨 들고 사방에 늘어놓은 띠 여과지가 바람에 흩날리는 와

그림 26. 블랙클리가 대기 중의 오존 측정을 위해 사용한 장치

중에 암벽 꼭대기에 놓인 바위에 불편하게 걸터앉아 깊게 심호흡하면서 건초열 증상을 확인하는 모습을 상상해보면 대단하다는 말밖에 나오지 않는다!

하지만 블랙클리는 여전히 완전히 만족스럽지는 않았다. 그의 연구는 건초열이 발생할 가능성이 있는 원인 목록에서 오존이 완전히 제거돼야 끝날 수 있었다. 그래서 자기 집 실험실에서, 이제는 완전히 포기한 아내 앞에서 당당하게 화학약품으로 실제 대기 중에서는 불가능한, 매우 높은 농도의 오존을 만든 뒤 몇 시간 동안 그 속에서 호흡했다. 그러던 어느 날 그는 결국 기발한 아이디어를 떠올린다. 블랙클리는 건초열이 있는 사람들을 배에 태워 오스트레일리아로 보내기로 한다. 바다에서 매일 오존의 양을 측정하는 데 필요한 장비와 항해 중 나타난 건초열 증상을 기록할 설문지도 준비했다. 여과지는 저녁 열 시부터 이튿날 아침 열 시까지 노출하고 나중에 분석할 수 있도록 잘 보관했다. 그리고 몇 개월 동안의 긴 인내 끝에 드디어 실험 결과를 손에 쥘 수 있었고, 오존도 건초열의 원인에서 폐기할 수 있었다. 바다 위 오존량이 몇 개월 동안 매우 많았지만, 환자 중 그 누구도 항해 중 최소한의 건초열 증상을 나타내지 않았던 것이다. 그렇게 해서 오존도 혐의자 명단에서 제외됐다. 이제 남은 것은 가장 유력한 용의자, 바로 먼지였다. 그런데 이번에도 문제가 있었다.

대부분 의사가 여름철 천식의 원인으로 먼지를 손꼽는데, 이때 단순히 '일반적인 먼지'라고만 표현한다. 블랙클리가 납득할 수 없는 첫 번째 의문이 바로 이것이다. 그가 생각하기에 단순히 일반적인 먼지는 존재하지 않는다. 실제로 먼지는 지반의 지질학적 특성과 식물, 계절뿐 아니라 '대기 중에 있는 세균과 유기체의 수와 종류'에 따라서도 달라진다. 그런데도 건초열 환자 대부분이 먼지(집 안에 있는 먼지나 벽난로의 재)가 자기 병의 실질적인 원인이라고 생각하는 것 같았다.

이런 점이 전혀 이해가 되지 않았던 블랙클리는 이런 의문을 품었다. 영국에서 발병한 건초열 환자 대부분이, 사람들이 겨울보다 집에 있는 시간이 적고 당연히 실내에 날아다니는 재의 양도 훨씬 적은 시기인 6월에서 8월 사이에 질병 증상을 보였는데, 이것은 어떻게 설명해야 할까? 그리고 대기 중 먼지를 원인으로 꼽는데, 어떻게 먼지가 겨울철에는 영향을 끼치지 않을 수 있을까? 블랙클리가 보기에는 이 모든 상황이 먼지 속에 여름철과 가을철에만 나타나는 무엇인가 특별한 자극제가 있다는 것을 말해주는 것 같았다. 그러니까 그 자극제는 겨울에는 없는 것이다. 이제 드디어 수수께끼의 실마리가 잡히기 시작한 것 같았다!

모든 문제는 행운이 조금만 따라주면 금방 해결되기 마련이다. 블랙클리의 경우 그 운은 예상치도 않았던 어느 화창한 여름

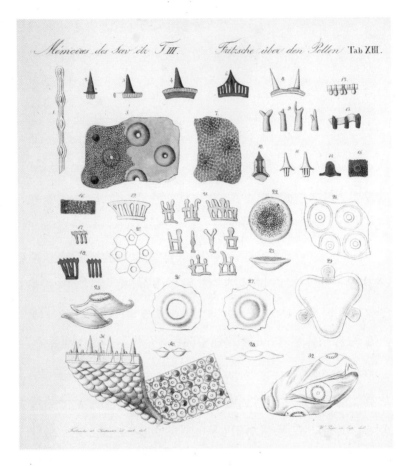

그림 27. 19세기에 출간된 서적 중 꽃가루의 다양한 구조를 묘사한 삽화

날, 좋아하는 산책을 하던 중에 찾아왔다. 여름은 건초열 잠복기지만 소풍과 화창한 날씨만큼 그를 행복하게 하는 것이 없었고, 몇 주 동안 연구실과 실험실에만 틀어박혀 보냈던 차라 그는 무조건 나가야만 했다.

그래서 블랙클리 박사는 맨체스터 시내에서 멀지 않은, 자신이 좋아하는 장소 중 한 곳으로 발걸음도 가볍게 출발했다. 눈부시게 화창한 날씨에, 그는 차가 별로 지나다니지 않고 풍경이 멋져서 자신이 유난히 좋아하는 길로 접어들었다. 영국 전원의 전형적인 아름다움이 가득한 이곳에서 7월의 햇살 가득한 아침을 만끽하는데 시내 쪽에서 마차 한 대가 빠른 속도로 지나가면서 거대한 먼지 구름을 일으켰다. 무방비 상태였던 블랙클리 박사는 한참 동안 그 먼지를 마셔야 했다. 물론, 수 년 간 연구하는 동안 마신 해로운 공기에 비하면 그런 먼지 정도는 아무것도 아니었다. 그런데 이번에는 뭔가 조금 달랐다. 블랙클리 박사는 실험할 때 몇 시간 동안 벤조산이나 쿠마린, 오존, 재, 다양한 종류의 먼지를 비롯해 온갖 역겨운 것을 다 흡입했지만 건초열 증상 같은 것은 느끼지 못했었다. 그런데 지금 마차가 일으킨 이 먼지는 아주 격렬한 건초열 증상을 유발했다. 심한 기침과 가슴 통증, 눈물, 대량의 가래 증상이 나타난 것이다. 블랙클리 박사는 숨을 쉬기도 힘들었지만 기뻤다. 아니, 정말 행복했다. 건초열이라는 무자비한 질병의 사슬을 끊을 무엇인가를 찾은 것 같았다. 그리고 드디어 본격적인 연구도 시작할 수 있게 됐다.

하지만 블랙클리 박사는 다시 한 번 확인해야 했다. 그래서 한쪽에서 발작 증세가 약해지고 몸까지 떨게 한 재채기가 잦아들 때까지 기다렸다가 아까 그 길로 다시 돌아와 양손으로 길바닥의 먼지를 휘저어 깊이 들이마셨다. 경이롭고 또 경이로웠다! 기쁨이 넘쳐흘렀다. 또 한 번, 처음보다 훨씬 더 심한 발작 증세가 나타난 것이다. 이번에는 거의 죽을 지경이었다. 지독한 천식 증상이 계속 끝나지 않아 숨을 쉴 수 없었던 것이다. 블랙클리는 기쁨은 잠시 접어두고, 그 기적의 장소를 표시해두고 연구소에서 분석할 그 발칙한 모래를 조금 채집해서 집으로 향했다. 이번에는 확실히 궁극적인 해답을 찾는 길로 한걸음 다가섰다는 생각에 가슴이 벅찼다. 그가 건초열의 사슬을 끊을 원인이라고 확신한 이상, 그 어떤 것도 그의 손아귀를 벗어날 수 없었다. 집으로 돌아온 블랙클리는 현미경 검사만으로 드디어 위대한 발견을 하고야 만다.

하지만 첫 현미경 검사에서는 먼지 속에서 특별한 것을 전혀 찾아내지 못한다. 그래서 다음 날 글리세린glycerin을 바른 유리 슬라이드를 가지고 어제 그 산책로를 다시 찾아가 길 위 가장 위쪽 표면층의 가벼운 먼지만 채집했다. 집으로 돌아온 블랙클리는 이 새 슬라이드에서 무엇인가를 보았고, 한눈에 그것이 중요하다는 것을 눈치챘다. 그 무엇인가를 다른 분자들과 혼합한 블랙클리는 수많은 꽃가루 입자를 구분해내고 그 꽃가루가 속한 종류까지 알아냈다. 이번에는 정말 건초열의 범인이 그의 눈 아래 있었다. 이제 남은 일은 그동안의 모든 의혹은 던져버리고 건초열의 사슬을 끊을 실마리가 꽃가루의 미세한 입자라는 것을 증명하는 것뿐이었다.

쉽지는 않을 것 같았다. 동종 요법을 특성화할 때도 동료들은 의혹의 눈으로 바라봤다. 그런데 이번에는 공기 중에 떠다니는 아주 미세한 양의 꽃가루 같은 물질이 그토록 심각한 증상을 유발한다고 주장하니, 다들 동종 요법 원리를 떠올리는 것 같았다. 사람들이 자신을 믿게 할 유일한 방법은 결정적 증거를 찾아내는 것이었다. 그래서 실험을 통해 답변해야 하는 모의 질문을 나열해보기 시작했다.

1. 꽃가루가 건초열 증상을 유발할 수 있는가?
2. 꽃가루의 이러한 속성은 모든 종류의 꽃에 있는 것인가, 아니면 몇 종류의 식물에만 있는 것인가?
3. 꽃가루의 이러한 속성은 건조 꽃가루와 신선한 꽃가루 모두에서 찾아볼 수 있는 것인가?

4. 꽃가루에서 유해 작용을 하는 특별한 물질은 어떤 것인가?

그는 일단 영국에서 가장 흔한 꽃 중에서 서른다섯 가지를 선택하고, 이 꽃들의 꽃가루를 신선한 상태나 건조한 상태로 다음의 다섯 가지 방법으로 분류해 자기 몸에 사용했다.

1. 코의 점막에 도포한다.
2. 숨을 들이마셔 후두와 기관, 기관지 점막의 내부와 접촉하도록 한다.
3. 꽃가루를 달인 물을 결막에 도포한다.
4. 신선한 꽃가루를 혀와 입술, 구강 입구에 도포한다.
5. 꽃가루를 팔과 다리에 붙인다.

블랙클리는 끈질긴 인내심으로 고통을 참아내며 온갖 종류의 꽃가루를 다양한 방법으로 자기 몸에 직접 실험했다. 어떤 때는 그의 정신 건강이 의심스러울 정도로 희한한 방법으로 자기 몸에 꽃가루를 묻히기도 했다. 사실 어떤 종이 알레르기 증상을 더 빨리, 더 심하게 일으키는지 보겠다고 참피나무의 생 꽃가루를 한쪽 콧구멍에 바르고, 나머지 한쪽에는 초롱꽃과 Campanulaceae 꽃가루를 바르는 행동은 꽃가루 알레르기가 심한 사람이 보기에는 너무 끔찍한 일이었다. 어쨌든 그가 남긴 기록을 보면 속도 면에서나 강도 면에서 초롱꽃이 승자였다.

블랙클리가 쓴 실험 일지를 보면 마치 마조히스트의 일기를 보는 것 같다.

글라디올러스 꽃가루를 꽃가루 무게의 백 배 용량의 물에 넣고 끓여 글라디올러스 꽃가루 용액을 준비했다. 이 용액을 오른쪽 눈에 한 방울 떨어뜨렸다. 효과는 거의 즉각적으로 나타났다. 처음에는 강한 따가움과 함께 고운 모래를 눈에 쏟아붓는 것 같은 느낌이 들었다. 광선 공포증이 너무 심해 몇 분 동안 눈을 뜰 수 없었고, 뜨더라도 1초를 넘길 수 없었다. …

그러나 다행히 반대쪽 눈은 온전해서, 블랙클리 박사는 이 한쪽 눈으로 당당한 영국 신사의 자세로 거울을 보며 오른쪽 눈에서 일어나는 발작 증세를 관찰하고 메모까지 했다. "돋보기를 사용해 표면 위로 올라 온 결막의 큰 혈관을 관찰할 수 있었다."

얼마 후에는 목을 괴롭히기 시작했다. 큰뚝새풀(*Alopecurus pratensis*, 벼목 화본과)의 꽃가루를 구강에 발라 편도선에 미치는 영향을 확인했던 것이다.

꽃가루를 바른 후 몇 분 지나지 않아 약간 따갑기 시작해 약 30

분 뒤에는 구강 점막 전체가 충혈되었다. 따가운 증상 뒤에 곧바로 단단하고 각진 무엇인가가 목구멍을 막는 것 같은 느낌이 들었다. …

여느 때처럼 블랙클리는 자기 몸으로 꽃가루의 효과를 관찰할 때 대조 실험으로 그 결과를 확인했다. 예를 들어 알코올에 담근 꽃가루를 한쪽 콧구멍에 넣으면, 다른 한쪽에는 꽃가루가 없는 용액을 집어넣었다. 또 꽃가루가 상처 부위에 끼치는 영향을 확인할 때는 양쪽 팔에 상처를 낸 후, 한쪽에는 꽃가루를 바르고 다른 한쪽은 대조용으로 관찰했다. 우리 몸에서 두 개씩 짝을 이룬 모든 기관이 블랙클리에게는 진정한 축복이었다.

블랙클리가 꽃가루의 유해성을 정확하게 확인하려고 자기 몸에 낸 수많은 상처 중에서 그래도 일부는 운 좋게 멀쩡하게 회복됐다. 특히 꽃가루가 든 용액을 팔과 다리에 바르는 실험은 요즘도 알레르기 연구를 위해 사용하는 기본적인 피부과 테스트로 발전했다. 팔과 다리에 꽃가루를 도포하는 수많은 실험을 시작하기 전, 그가 기록한 설명을 한번 살펴보자.

꽃가루를 찰과상 부위에 도포하고 몇 분이 채 지나지 않아 심하게 가렵기 시작했다. 찰과상 주변 부위는 부풀기 시작했고

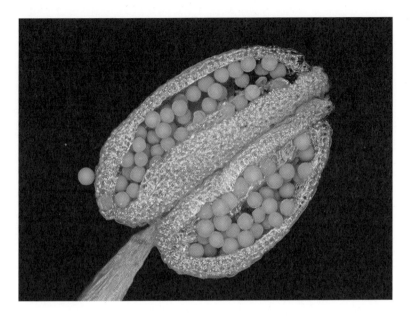

그림 28. 애기장대(*Arabidopsis thaliana*)의 꽃밥과 꽃가루(ⓒ 하이티 페이브스 박사(Dr. Heiti Paves))

… 이 부종은 피하 세포 조직에 꽃가루가 들어갔기 때문으로 보인다.

자기 몸에서 나타나는 꽃가루의 효과를 확인한 블랙클리는 무엇이 그렇게 위험하게 하는 것인지 파악하고자 꽃가루 자체를 연구하기 시작한다. 어느 날 그는 현미경으로 꽃가루를 관찰하려고 아직 피지 않은 돼지풀 꽃을 집에 가져온다. 그런데 슬라이드를 준비하는 사이 자신도 모르는 사이 이 꽃가루를 조금 들이마시고 만다. 그 작은 양만으로도 자기 몸이 쇠약해지는 것을 본 블랙클리 박사는 점점 더 용량을 늘려 강한 반응을 관찰하기 시작한다. 결국 한 달 뒤, 그에게 마조히즘적 성향이 있었다는 사실이 명백히 증명된다. 이런 종류의 꽃가루에 대한 자신의 감각을 확인해보려고 돼지풀 꽃가루를 자기 콧구멍에 직접 발라버린 것이다. 이 실험은 재앙을 불러왔고, 그는 상당한 용량의 모르핀을 피하 주사로 투약하고 나서야 간신히 안정을 찾았다.

이후 몇 달 동안 블랙클리는 점점 더 열정적으로 알레르기에 미치는 꽃가루의 영향을 실험한다. 호밀 꽃을 모자 속에 넣어 자신의 대머리와 접촉한 상태로 집에 가져오기도 하고, 흡입한 꽃가루의 양을 추정하려고 콧구멍에 얇은 거즈를 꽂은 채 시내를 산책하기도 했다(자기 호흡수까지 세면서 걸었다). 휴가도 자신의 연

그림 29. 19세기 중반의 인쇄물에 담긴 포틀랜드가(Portland Street)

구에 도움이 되는지 조사해보고 바다나 시골로 갔다. 대기를 연구하면서 글리세린이 함유된 접착액으로 코팅한 유리판으로 자신만의 실험 장비를 개발하고, 이 장비를 이용해 대기 중에 있는 꽃가루 입자의 양을 측정했다. 이러한 실험 장비를 호흡기에 응용해 흡입한 꽃가루의 양을 측정하고, 특수 안경과 접목해 맨체스터 거리를 산책하면서 여러 시가지에 존재하는 꽃가루의 양을 살폈다. 6미터 길이의 연을 이용해 고도에 따른 대기 중의 꽃가루양을 산출하기도 했다. 그러고서 이렇듯 다양한 측정에서 얻은 결과가 질병 증상의 강도와 어떤 상관관계가 있는지 연구해, 자신의 저서 2쇄를 출간하면서 그의 실험적 연구를 극찬하던 찰스 다윈Charles Darwin의 조언에 따라 한 장章을 더 추가한다. 이 추가된 장에는 꽃가루의 무게 측정과 확인에 대한 내용이 수록돼 있다.

24시간마다 1/40,000그레인(grain, 야드파운법에 의한 무게의 단위. 1그레인은 약 0.0648그램−역자) 이하의 양만 흡입해도 이 질병을 유발하기에 충분하지만, 이때는 상당히 온화한 상태다. 한편 1/3,427그레인보다 약간 적은 양을 24시간마다 흡입하면 건초열이 발생해 심각한 상태를 초래한다.

평생 블랙클리 역시 다른 수많은 개척자처럼 까다롭고, 물론 사랑스러운 면도 있지만, 광기와 변덕이 심한 사람으로 여겨졌다. 풀을 가지고 노는 것을 좋아하는 동종 요법 전문의였지만, 이 분야에서는 사람들의 신임을 얻지 못했다. 그러나 꽃가루가 알레르기 질환에 끼치는 핵심적인 영향을 발견한 덕에 참을성 있고 대담한 개척자로 인정받았다. 그리고 우리는 새롭게 탄생한 과학 분야인 대기생물학이 대기 중에 떠다니는 다양한 유기 입자를 연구하는 생물학에서 뻗어 나온 학문이라는 것을 기억해야 한다.

봄이 또 찾아오면 우리는 또 코를 훔치며 꽃가루를 탓할 것이다. 그때 블랙클리 박사를 한 번쯤 떠올려보자. 우리가 봄철에 꽃가루를 탓할 수 있게 된 것은 바로 블랙클리 박사 덕분이다.

그림 30. 오도아르도 베카리

세상에서 가장 거대한 꽃을 발견한 명민한 모험가

오도아르도 베카리(Odoardo Beccari, 1843~1920)

출간 3년차를 맞은 1878년 5월호 '토스카나왕립원예학회 학술서'의 머리기사 바로 밑에 커다란 글씨로 수마트라^{Sumatra}가 원산지인 '경이로운 식물'이 최초로 발견됐다는 소식이 실렸다. 이 놀라운 식물을 발견한 사람은 이탈리아 피렌체 출신의 탐험가이자 자연과학자인 오도아르도 베카리인 것 같았다. 문제의 식물은 바로 그 유명한 아모르포팔루스 티타눔(*Amorphophallus titanum*, 시체꽃)이었다. 이 식물은 모든 부분이 비정상적으로 거대하고, 특히 꽃은 식물 중에서 가장 크고 길다.

당시 대중은 '학술서'에 공개적으로 첫 선을 보인 아모르포팔루스의 매력에 흠뻑 빠지기 시작했다. 그리고 얼마 지나지 않아 아모르포팔루스는 식물학의 진정한 슈퍼스타가 된다. 아모르포팔루스가 발견된 지 130년이 훨씬 넘었지만, 아직도 이 꽃이 있는 곳은 어디든 말 그대로 북새통을 이룰 정도로 사람들을 끌어모은다. 전 세계에 팬을 확보한 유명 인사답게 모든 식물원에서 귀한 대접을 받고, 대중매체에서도 이 꽃의 위상에 관심을 쏟는다. 이 식물은 처음 발견된 1878년부터 지금까지 단 한 번도 사람들의 관심을 잃은 적도, 그들에게 놀라움을 선물하지 않은 적도 없다. 이제부터 베카리 자신이 직접 왕립원예학회에 게시한 증언을 바탕으로 이 꽃의 발견과 관련한 이야기를 해보자.

1878년 8월 6일로 거슬러 올라가 보자. 이날, 당시 서른다섯 살이던 오도아르도 베카리는 수마트라 섬에 있었다. 그는 얼마 전에 아제르 만테이오Ajer Manteior 마을에서 그리 멀지도 않고 수마트라에서 그나마 덜 야생적이던 곳에서 새롭고 놀라운 식물을 발견한 상태였다.

내가 아모르포팔루스를 수마트라에서 가장 야생적이고 먼 어느 곳에서 발견했다고 생각한다면 그것은 정말 착각이다. 왜냐면 과학계에서 완전히 생소한 수많은 다른 동식물과 마찬가지로 그것을 발견한 장소는 이 거대한 섬에서 사람들의 왕래가 잦고 쉽게 드나들 수 있는 곳이기 때문이다.[1]

그림 31. 스톡홀름식물원에 꽃을 피운 아모르포팔루스 티타눔

베카리는 이 식물의 발견이 중요하다는 것을 금방 깨달았다. 그는 피렌체왕립원예학회에 제출할 논문을 쓸 시간이 별로 없었지만 자신이 놀라운 발견을 했다는 소식을 전하고 싶었다. 그래서 새로운 식물에 대한 설명을 편지로 써서 코르시 살비아티Corsi Salviati 후작에게 우편으로 보내 대신 학술서에 발표해달라고 부탁했다.

제가 시간이 너무 없어서 논문을 쓸 수는 없는데 흥미로운 식물의 발견에 대해 알리지 않을 수 없어 편지를 보냅니다. 이 식물은 비교할 만한 식물이 스티리카도나Stirikadona밖에 없는 거대한 천남성과(天南星科, Araceae) 식물로 니카라과Nicaragua에서 뱃사람이 발견했습니다. 제가 지금 가진 책이 없어서 정확히 어떤 종류인지 알 수 없는데다가 열매도 보이지 않습니다. 제 생각에는 코노팔루스Conophallus인 것 같아서 시티타눔C. titaum이라고 부르려 합니다.

땅을 파보니 알뿌리 하나의 둘레가 1미터 40센티미터였습니다. 남자 두 명이 옮기기에도 힘들어 길에서 떨어뜨려 알뿌

---

1   O. 베카리(1889), 〈아모르포팔루스 티타눔(*Fioritura dell'Amorphophallus titanum*)〉, 《토스카나왕립원예학회 학술서》 XIV, 266~278쪽.

리가 부서졌습니다. 하지만 다른 알뿌리가 있으니 옮겨 심을 수 있는 상태로 보내겠습니다. 그리고 씨앗도 함께 보내겠습니다.

베카리는 이 특별한 발견을 명확하게 하려고 씨앗과 함께 자신이 직접 그린 그림들을 보냈다(당시에는 자연과학자가 그림의 기본기를 습득하지 않는다는 것은 상상도 할 수 없는 일이었다). 이 그림에서 오도아르도 베카리는 식물의 거대한 크기를 좀 더 효율적으로 표현하려고 거대한 알뿌리와 함께 짐꾼으로 부른 남성 두 명을 그려 넣었다.

아모르포팔루스는 알뿌리에서 단 하나의 잎만 나온다. 그러나 이 식물이 앞서 언급한 종류의 식물들과 규모가 차이 나는 것에 비하면 형태나 체절 구성은 그다지 큰 차이가 없다고 봐야 할 것이다. 이 식물의 크기는 정말 대단하다! 밑 부분의 꽃자루 둘레가 90센티미터나 되고 위쪽으로 갈수록 약간 가늘어지면서 높이가 3미터 50센티미터에 이른다. 표면은 매끄럽고 초록색에 거의 원형에 가까운 작고 하얀 반점이 빽빽하게 들어차 있다. 나무의 매끄러운 껍질 위에 핀 이끼에서 나오는 반점과 비슷하다. 꽃자루가 위로 뻗기 시작하는 가지 세 개가 사람의 다리 한쪽만

하고, 각각의 가지가 여러 갈래로 나뉘어 3미터 10센티미터 길이의 엽상체(전체가 하나의 잎처럼 생겨서 잎과 같은 작용을 하는 기관―편집자) 모양을 이룬다. 잎 전체의 면적은 둘레가 15미터나 된다. 한 개의 열매가 열리는 줄기는 앞서 설명한 꽃자루와 같은 크기며, 열매를 맺는 부분은 원통형으로 둘레가 75센티미터에 길이는 50센티미터 정도다. 그리고 길이 35~40밀리미터에 지름 35밀리미터 정도의 올리브 모양 열매가 완전히 빽빽하게 뒤덮고 있으며, 아자롤(azarole, 지중해 지방에서 자라는 사과 품종―역자) 사과처럼 선명한 붉은색의 열매마다 두 개의 씨앗이 들었다. 꽃에 대해서는 전혀 아는 것이 없다. 언젠가 온실에서 꽃을 볼 수 있기를 바라는데, 아마 꽃 역시 매우 거대할 것이다. 어쩌면 라플레시아Rafflesia보다 더 클 수도 있겠다. …2

당시 베카리는 책을 가지고 있지 않았고 꽃이 핀 것도 아직 보지 못한 상태였다. 약간 빗나간 부분이 있기는 하지만 코노팔루스 종류에 속한다고 생각하고 시티타눔이라고 부른다. 그뿐만 아니라 그때까지 자신이 관찰한 치수를 바탕으로 꽃의 크기

---

2 E. O. 펜치(Fenzi, 1878), 〈경이로운 식물(Una pianta maravigliosa)〉, 《토스카나 왕립원예학회 학술서》 III, 270~271쪽.

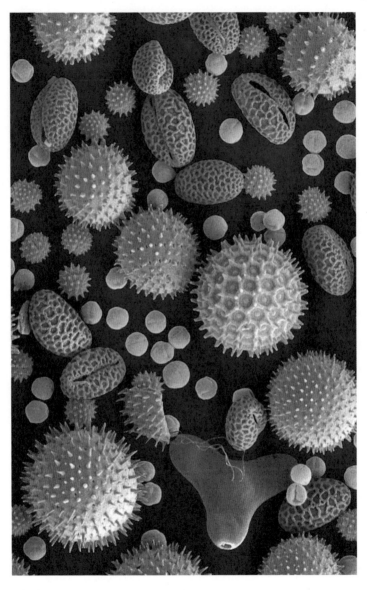

사진 1. 현미경으로 보면 꽃가루 입자들의 형태가 놀랍도록 다양하다는 것을 볼 수 있다.

사진 2. 낙화생

사진 3. 앙그라이쿰 세스퀴페달레(*Angraecum sesquipedale*)

사진 4. 아모르포팔루스 티타눔(*Amorphophallus titanum*)

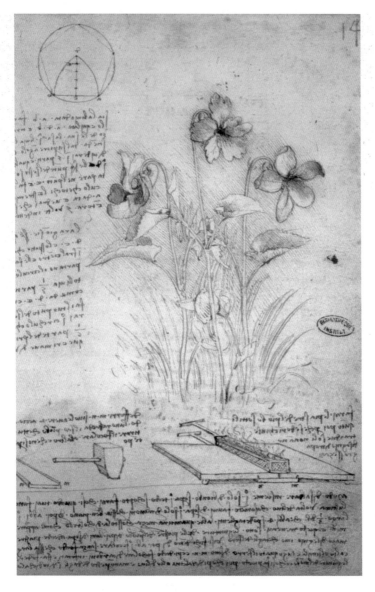

사진 5. 레오나르도 다 빈치, 제비꽃과 용접 도구, 목재 더미, 철판과 메모(1485년경),
펜과 잉크(파리, 프랑스 연구소(Institut de France))

사진 6. 황소뿔아카시아(*Vachellia cornigera*)로 만들어진 단백질이 풍부한 과육을 모으고 있는 수도머멕스속(Pseudomyrmex)의 개미

사진 7. '유전 법칙의 발견자' 요한 그레고르 멘델 사망 100주년 기념으로 발행된 4실링 가격의 기념 우표

사진 8. 정부에서 미국 농민들이 국가 전체의 복지에 기여하도록 장려하는 1943년도 포스터

도 엄청나게 클 것이라고 정확하게 예측한다. 이 식물의 꽃 사냥은 한 달이 채 되기도 전에 끝나는데, 정확히 1878년 9월 6일에 카유 타남(Kayù Tanàm, 인도네시아의 수마트라 서부에 있는 지역 – 역자)에서 베카리가 코르시 살비아티 후작에게 쓴 편지를 보면 이 식물의 꽃이 실제로 엄청나게 길고 세상에서 가장 크다며 흥분을 감추지 못하는 내용이 들어 있다.

> 라플레시아 아르놀디*Arnoldi*의 시대는 갔습니다. 이제 우리가 아는 세상에서 가장 큰 꽃은 라플레시아가 아니에요. 새로운 거대 꽃은 코노팔루스 티타눔입니다. 어제, 8월 5일에 드디어 제가 이 특별한 식물의 꽃을 획득했답니다.[3]

그러나 이 중요한 발견에는 분명치 않은 것이 한 가지 있었다. 물론 '책이 없었던 탓'도 있지만 베카리는 이 식물이 아모르포팔루스인지 코노팔루스인지 판단하지 못했다. 그래서 그는 원예학회 학술서에 왜 이 꽃을 그렇게 발표했는지 설명했다.

---

3   O. 베카리(1878), 〈코노팔루스 티타눔 베카리(*Conophallus titanum Beccari*)〉, 《토스카나왕립원예학회 학술서》 III, 290~293쪽.

외형과 색의 구성 면에서 이 꽃은 아모르포팔루스 캄파눌라투스*campanulatus*와 매우 흡사하고, 불염포(넓은 잎과 같은 모양의 포로 육수화서를 둘러싼 구조-역자, 출처 : 네이버 지식백과)의 형태는 거의 동일하다. 전체적인 특성은 코노팔루스와 아모르포팔루스의 거의 중간 정도인 것으로 보이는데, 내게 책이 없어 지금 당장은 판단하기가 곤란하다. 하지만 머릿속에 재생 기관들을 담아두었으니 희망하기를, 이를 잊기 전에 빠짐없이 스케치할 것이다.

지금으로서는 학술 게시판에 심증이 가는 설명만 게시할 수 있다. 나는 이 꽃이 아모르포팔루스 캄파눌라투스와 흡사하다고 했다. 그때는 아모르포팔루스 캄파눌라투스가 상당히 큰 꽃을 피운 것 같다고 생각했다. 그러나 에이티타눔 *A. titanum*의 꽃은 그보다 열 배 이상 크다. 내가 관찰한 개체는 1미터 75센티미터 길이의 육수화서(꽃대 주위에 꽃자루가 없는 수많은 잔꽃이 모여 피는 꽃차례-편집자)가 있고(남자의 평균 신장보다 긴 길이라는 점을 말해둘 필요가 있을 것 같다), 줄기에서 도외시되어 있으며, 불염포가 확장되는 지점부터 열매를 맺지 않는 돌기의 끝부분까지 꽃의 길이를 정확하게 계산했다. 기둥의 중심은 그다지 높지 않았으며 희뿌연 렌틸콩 모양 반점이 있는 초록색 잎 몇 개가 달린 줄기에 비하면 별로 굵지도 않았다.

말 그대로 진정한 '괴물'이었다. 당시까지 과학 문헌에 설명된 적이 단 한 번도 없는, 그 무엇과도 비교할 수 없는 식물이었다. 이 식물을 발견한 베카리에게도 그것은 정말 평범함에서 완전히 벗어나 보였고, 그래서 식물학자로서 냉철한 관점에서 이 거대 꽃을 이렇게 설명했다.

불염포의 최대 지름은 83센티미터고 깊이는 70센티미터 정도였다. 형태는 종 모양이고 가지런히 배열된 가장자리 부분은 성긴 톱날 모양에 주름이 자글자글 잡혔다. 내부 가장 깊은 부분은 아주 연한 녹색이지만, 꽃받침은 생동감 있는 진한 선홍색이다. 바깥쪽은 중간부터 아래쪽이 연한 초록색이고 매끄러우며, 윗부분은 주름(균열)이 가득하다. 불염포에서 벗어난 육수화서는 1미터 50센티미터가 넘는다. 가로 길이는 20센티미터밖에 되지 않지만 밑부분에는 암술, 윗부분에는 수술이 덮고 있다. 열매를 맺지 않는 기관은 별로 없는 편이다. 돌기에 남아 있는 무성 기관은 길이 1미터 30센티미터에 밑바닥 지름이 18~20센티미터고 꼭대기 쪽으로 갈수록 점차 좁아지지만 정점 부분은 둥그스름하다. 표면은 거의 매끈하지만 전체적으로 얇게 가로 방향으로 주름이 잡혀 있다. 색은 아래쪽으로 내려갈수록 탁한 노란색을 띠고 끝부분은 거의 납빛에 가

깝다. 씨방은 적자색에 세 부분으로 나뉘고, 간혹 씨방의 위아래가 뒤집혀 밑씨만 하나 있고 씨방이 두 부분으로 나뉜 경우도 있다. 이 씨방들은 원뿔형 공 형태며, 하나하나가 독립되어 있고 점차 가늘어져 누런 공 모양에 표면은 잎꼴이 세 개인 암술머리와 만난다. 수술은 무늬가 없고 구형 꽃밥들이 아래쪽에 달렸는데, 이 꽃밥들은 끝에 구멍이 뚫린 얇은 두 개의 틈으로 갈라진다. 색은 담황색이다.

몇 년 후인 1889년, 베카리는 피렌체로 완전히 돌아와 탐험 중에 수집한 수많은 표본의 연구에 매진한 끝에 거대 천남성과 식물에 대한 최종 설명을 발표했다. 베카리가 이제 서적을 찾아볼 수 있게 돼서 드디어 천남성과 식물은 아모르포팔루스에 속하게 되어 정식으로 아모르포팔루스 티타눔이라는 학명을 얻었다. 이때 연구는 그저 여행 일기의 일부처럼 보이던 내용을 (알뿌리의 둘레 1.40미터, 알뿌리를 제외한 꽃이 핀 식물 전체의 높이 2.25미터, 불염포를 탈피한 육수화서 전체의 길이 1.50미터 등) 측정을 통해 새로운 종으로 정확히 입증할 전문적인 설명으로 대체하는 중요한 연구였다.

이 식물의 발견에 대한 보고서를 한번 살펴보자.

무엇보다 어떻게 하다가 내가 이 식물을 발견하게 되었는지부터 이야기해야겠다. 나는 평소 습관대로 매일 아침 해가 뜨면 동물 사냥과 식물 채집을 위해 두세 명의 친구를 대동하고 숲으로 향한다. 아제르 만테이오 숲에는 흥미로운 것들이 많아서 굳이 집에서 먼 곳까지 갈 필요가 없었다. 나는 꽤 여러 날을 같은 장소에 드나들었는데, 그것은 마을에서 200~300미터 정도 거리에 있었고 한두 번은 분명히 내 눈에 띄었을 것인데도, 그렇게 특별한 것이 있는지 전혀 눈치채지 못했다.

결국 그 식물을 보기는 했지만, 나는 나무의 몸통 껍질에 매끄러운 이끼 얼룩이 있는 줄로만 알았다. 하지만 어느 순간 고개를 들어 위를 보고, 그 식물이 그저 숲에 있는 수많은 나무 중 하나의 몸통 부분일 거라는 내 생각이 착각이라는 것을 알았다. 그것은 거대한 천남성과 식물의 줄기였다. 내가 여러 날 동안 숲에서 같은 자리를 맴돈 이유가 바로 아모르포팔루스의 부드러운 잎줄기가 나무의 단단한 몸통과 너무 흡사했기 때문인 것이다.[4]

---

4 O. 베카리(1878), 〈코노팔루스 티타눔 베카리〉, 《토스카나왕립원예학회 학술서》 III, 290~293쪽.

그림 32. 본(Bonn)식물원에서 꽃을 피운 아모르포팔루스 티타눔(© 레이먼드 스페킹(Raimond Spekking))

베카리는 매력적인 문체를 사용해서 자신이 직접 경험을 통해 얻은 것들을 예로 들어 예리한 과학적 관찰을 뒷받침했다. 이 식물의 발견과 잎의 줄기를 나무의 몸통인 줄 알고 깜빡 속았던 이야기도 식물에서 나타나는 모방을 처리하고, 헨리 월터 베이츠Henri Walter Bates와 앨프리드 러셀 월리스Alfred Russel Wallace가 제시한 모방의 정의를 확장해 이를 현재 모방의 개념과 아주 비슷한 무엇인가로 변환하려는 구실이었다. 이와 관련해 베카리는 이러한 글을 쓴 바 있다.

> 생명의 모든 표현 방식을 연구하는 생물학자들은 여기서도 생명체의 보호 수단에 속하는 것을 알아본다. 동물에서는 그리 희귀하지 않고 일부 식물에서도 나타나는 이 보호 수단에는 의태, 모방, 혹은 흉내라는 이름이 붙었다.
> 실제로 이와 관련해 가장 경쟁력 있는 권한자인 듯한 월리스는 가장 최근에 출간한 자신의 책[5]에서 '의태mimicry'라는 용어를 한 종류의 생명체가 다른 종류 생명체의 외형 및 색과 매우 비슷하게 해서 마치 다른 생명체로 바뀐 것처럼 착각하게 하

---

[5] A. R. 월리스(1889), 《다윈주의(*An exposition of the theory of natural selection*)》, 런던.

는, 보호를 위한 유사성의 형태라고 정의했다. 이때 두 생명체는 서로 관련이 없거나 아주 거리가 먼 종류에 속하는 경우가 많다.

아모르포팔루스 잎의 줄기에 여러 번 속았던 베카리는 월리스와 베이츠가 이를 정의한 지 그렇게 오래되지 않았는데, 그들이 제시한 것보다 이 모방의 범위가 훨씬 광범위할 수 있겠다고 생각했다. 그래서 이런 글을 남긴다.

모방이라는 단어에 이렇게 넓은 의미를 부여하는 것은 적절치 않아 보인다. 하지만 내 생각에는 외형의 표시만으로 유사 생물로 구분하는 것뿐만이 아니라, 줄기나 잎과 같은 일부 특별한 개체의 형태 모방을 비롯해 일부 동식물이 주변 사물이나 그들이 놓인 장소와 혼돈되도록 특정 색상으로 변화하는 것도 포함해야 한다. 따라서 이러한 형태나 색의 모방은 약한 존재가 강한 존재의 겉모습을 흉내 내는 등 다양한 방식으로 자신을 변형해 생존이나 안전, 혹은 각종 이익을 꾀하는 것이라 요약할 수 있다.

이러한 모방과 관련하여, 아모르포팔루스의 수액이 풍부한 초본(지상부가 연하고 물기가 많아 목질을 이루지 않는 식물—편집자) 잎은 초식동물로 말미암아 파괴될 위험이 없는 독특한 식물이다. 내가 그랬던 것처럼, 나무의 단단한 몸통과 유사해 동물들이 이 잎의 존재를 알아채지 못한 채 지나치기 때문이다. 이 잎은 이런 식으로 성장 작용이 일어나는 동안 파괴될 위험을 벗어나는데, 특히 줄기가 성장하는 시기에 이러한 모방이 꼭 필요하다. 다른 아모르포팔루스도 잎줄기를 갖고 있으며, 간혹 뱀 껍질 같은 얼룩이 있는 꽃을 피우는 경우도 있다. 내가 보기에는 이 경우도 거의 모든 동물이 뱀을 본 줄 알고 가까이 오지 않으므로 보호 수단, 즉 모방이라 할 수 있다. 예를 들어 초식동물은 이렇게 심한 혐오감을 주는 동물의 모습으로 변신한 식물에 속아 감히 얼씬도 하지 않을 것이다.

베카리는 이처럼 모방을 속임수와 혼란의 개념과 접목해 놀라울 정도로 현대적으로 정의했다. 특히 그의 정의는 식물도 모방한다는 점을 증명했으므로 매우 중요하다. 여기서 우리가 잊지 말아야 할 것은 당시까지 모방은 학자들이 거의 동물계에서만 일어나는 것으로 여겼다는 사실이다.

아모르포팔루스 티타눔의 개화에 관한 이 에세이에 소개된 개념들은 의심할 여지 없이 당시 이탈리아 식물학에서 가장 흥미롭고 현대적인 것이었다. 그런데 이 에세이에는 베카리의 또 다른 놀라운 아이디어가 들어 있었다. 당시 시대적 배경을 생각하면 믿기 어려울 정도다! 베카리는 1889년에 이미 자연선택 이론에서 가장 중요한 특성과 지금까지도 수렴(계통이 다른 동식물이 같은 환경에 적응한 결과, 비슷한 형태나 형질로 형질을 나타내며 진화하는 일-편집자)으로 인해 나타나 '수렴 진화'라 불리는 진화의 특징을 예측했다. 그런데 이 수렴 진화가 무엇일까? 이것에 대해서는 베카리 본인의 설명을 참고하는 것이 좋겠다. 그는 아모르포팔루스 티타눔의 수정을 설명하면서 이런 내용을 기록했다.

자연과학자가 아모르포팔루스 티타눔에 관해 연구할 만한 것 중에서, 내가 보기에 특히 관심을 끄는 것은 불염포와 잎줄기의 독특한 색상인 듯하다. 식물학자는 붉은 핏빛과 시체 냄새가 수정 시기에 파리를 비롯한 육식 곤충을 끌어들인다는 것을 매우 잘 안다. 예를 들면, 아모르포팔루스를 비롯해 그와 비슷한 천남성과 식물들, 라플레시아의 꽃이나 쥐방울덩굴과 *Aristolochiaceae*, 박주가릴과*Asclepiadeae*와 난초류의 불보필룸 베카리*Bulbophyllum Beccari*, 포포나뭇과*Anonaceae*의 포포나무*Asimina triloba* 등 다양한 식물에서 시체 냄새와 충매 곤충의 상관관계가 나타난다. 이러한 썩은 고기와 비슷한 색과 구역질 나는 냄새는 식물 자체에는 이익이 되는 요소는 아니다. 그러나 이러

그림 33. 1910년 오도아르도 베카리

한 속임수를 통해 곤충을 유인하면, 이 곤충이 한 식물의 꽃가루를 다른 식물의 암술에 옮겨 이종교배가 이루어진다. 이렇듯 꽃의 유혹으로 수정이 한결 쉬워지는 것이다.

그런데 이제 여기서 다양한 생명체가 원래 가진 특성과 안정적으로 생명을 유지하는 데 영향을 끼칠 요인을 인정하지 않으면 자연스럽게 이런 의문도 생긴다. 꽃이 동물과 아주 거리가 먼 종류에 속한다면, 어떻게 파리의 본능적인 감각을 완전히 속일 정도로 완벽하게 썩은 고기의 냄새와 색, 두 가지를 모두 만들어낼 수 있는가 하는 것이다. 그리고 위에 언급한 식물의 꽃이 죽은 동물로 위장하지 않으면 파리도 다른 곤충처럼 이 꽃 위에 올라앉지 않는다.

베카리는 식물학적 특성 자체가 유전적으로 매우 거리가 먼 경우 진화론에 혼란이 발생할 수 있다는 점을 예상했다. 베카리아가 제기한 이의의 우수성을 깊이 파보지 않아도 과학자로서 그의 명민함은 두드러지게 드러났다. 살가리(Emilio Salgari, 이탈리아의 작가이자 소설가-역자)가 수집한 정보를 따르면 베카리는 단순히 보르네오와 말레이시아, 몸프라쳄Mompracem, 제임스 브룩James Brooke, 라자 비안코Rajah bianco 등을 여행한 숙련된 탐험가가 아니었다.[6] 오도아르도 베카리는 무엇보다 식물학 연구 분야 최고의 이론가였으며 그의 시대를 훌쩍 뛰어넘는 놀라운 예측을 한 인물이다.

6   P. 참피(Ciampi, 2003), 《살가리의 눈. 피렌체의 여행가 오도아르도 베카리아의 모
     험과 발견(*Gli occhi di Salgari. Avventure e scoperte di Odoardo Beccari, viaggiatore
     fiorentino*)》, 폴리스탐파(Polistampa).

그림 30. 마르첼로 말피기, 17세기 조각상 속의 초상

최초로 식물을 해부한
생물학계의 갈릴레이

마르첼로 말피기(Marcello Malpighi, 1628~1694)

17세기의 위대한 과학자 중 한 사람인 마르첼로 말피기는 1628년 3월 10일, 볼로냐 근처 크레발코레*Crevalcore*라는 곳에서 태어났다. 당시는 종교적·문화적 긴장감이 팽배하고(종교개혁 직후) 과학계에서도 독특한 혁명이 일어나던 시기였다. 1630년 갈릴레이가 《두 가지 주요 세계관에 관한 대화*Dialogo sui due massimi sistemi del mondo*》를 발표해 인류에게 선입견에서 벗어나 사고하는 새로운 방식을 선물하고 앞으로 다가올 세기의 과학기술을 정복할 길을 열었다. 여러 면에서 마르첼로 말피기는 생물학계의 갈릴레이라고 할 수 있는데, 교회와의 관계 때문이 아니라(교황 인노켄티우스*Innocentius* 12세가 말피기를 로마로 불러들여 그는 교황 주치의를 지내다가 사망했다), 의학계에서 지식의 근원적인 변화를 일으키고 생물학에서도 다방면에서 중요한 사실들을 발견했기 때문이다.

　말피기가 남긴 과학적 유산은 놀라울 정도로 방대하고 다양하다. 그는 현미경 해부학의 창시자이자 진정한 최초의 역사 조직학자였다. 아마 그가 현미경학적 구조 연구 분야에서 발견한 것들을 모두 언급하려면 꽤 오랜 시간이 걸릴 것이다. 그가 발견한 것들에는 대부분 그의 이름이 붙었는데, '말피기층'이라고 부르는 표피층도 있다. 말피기 미립자도 두 가지 있는데, 하나는 신장에 있고 다른 하나는 비장에 있다. 또 곤충의 배설기에는 말피기관도 있다. 그는 단순히 해부학 구조를 파악하고자 연구한 것이 아니라 꺼지지 않는 과학적 호기심이 닿는 모든 기관의 작용을 조절하는 원리들을 분석하는 것으로 발전했다.

　말피기는 당시까지 혈액응고에 대한 갈레노스Galenos 의학으로만 설명하던 폐의 기능을 정확히 파악했다. 그 외에 모세혈관의 중요성, 동맥과 정맥계 사이의 의사소통을 비롯해 미뢰(味蕾, 맛봉오리)의 기능도 알아냈다. 거기서 끝이 아니다. 말피기는 곤충이 폐가 아닌 기문(氣門, tracheae)이라고 하는 표피 안의 작은 구멍으로 호흡한다는 것을 알아냈다. 달걀에서 병아리로 발전하는 과정을 설명한 것도 말피기였다. 그는 자신의 책《외부 접촉 기관에 관하여De Externo Tactus Organo》에서 처음으로 지문을 설명하기도 했다. 그리고 혈액 속에서 적혈구를 처음 본 것도, 심장의 오른쪽에 있는 혈액이 심장 왼쪽의 혈액과 다르다는 것을 처음 안 것도 말피기다. 어쨌든 그의 발견은 가치를 평가할 수 없는 위대한 업적으로서, 이는 다양한 과학 분야를 탄생시켰고 전체적인 생물학 연구에 진정한 혁명을 가져왔다.

말피기는 동물해부학과 생리학으로 연구 생활을 시작했지만, 얼마 가지 않아 당시 상황에서는 해결하기 어려운 일들이 너무 많고 때로는 아예 극복할 수 없는 경우도 많다는 것을 깨닫고 식물 연구 쪽으로 관심을 돌린다. 조금 더 간단한 식물의 구조를 신중하게 연구해 동물과 인간의 복잡한 구조를 파악하는 데 도움이 되기를 바라는 마음에서였다. 말피기는 식물 연구를 통해 동물 기관의 기능을 정리할 것을 계획했는데, 이는 현대 생물학의 기본 개념이다. 말피기를 통해 처음으로 살아 있는 생명체의 구조에 연속성이 있다는 것이 알려졌고, 더 간단한 체계의 연구를 거쳐 더 복잡한 체계에도 유효한 지식을 얻을 수 있게 됐다. 1697년 인쇄된 그의 《사후의 작품*Opera posthuma*》에 이런 글이 있다.

… 이제까지 관찰한 것들을 보면, 자연에서 일어나는 수많은 작용과 움직임에는 아주 쉽고 간단한 수단들이 이용되고, 모든 생명체의 조직이 전체적으로 비슷하지 않을 경우 역학적으로 유사한 수단들이 재생산된다. 그리고 기관의 다양성은 우

리 인간이나 다른 생명체에서나 그 용도가 매우 불분명해 보이는 경우가 많다. 그렇기에 동물해부학을 의학에도 활용할 수 있는데, 적절하게 응용만 하면 철학적 지식과 동물경제학, 특히 인간의 경제학에 대한 지식을 늘릴 수 있기 때문이다. 예를 들어 폐의 막성 물질은 우리 인간에게서는 불분명하지만 거북이나 뱀, 개구리, 곤충이나 식물에서는 매우 잘 나타난다. …

생물학 실습의 기본 개념은 말피기가 최초로 체계화한 후 3세기 이상이 지난 지금까지도 아무런 진보 없이 정지된 상태다. 이 개념이 아무리 이론적, 과학적 기초가 탄탄하다고 해도 해결하고자 하는 문제의 종류에 제일 적합한 실험 방법을 선택하는 일이 가장 중요하다고 본다. 그리고 일반적인 실험 결과를 기대하지 말고, 심지어 한정적·제한적인 학문 분야에서 무의미하게 구분을 짓는 행위에도 반대해야 한다.

1662년, 말피기는 피사대학 이론의학 교수로 재직했지만 평탄한 삶을 살지는 않았다. 동료들의 시기와 오해를 피할 수 없어 괴로워하던 차에 메시나Messina의 상원의원이 메시나식물원의 운영을 맡아달라고 초청하자 그는 길게 생각하지 않고 수락한다.

당시 메시나는 문화적 전성기를 누리고 있었는데, 지중해 지역 최초의 식물원 '오르투스 메사넨시스Hortus Messanensis'는 그 찬

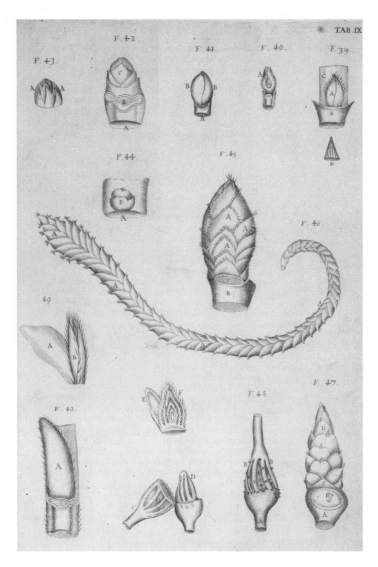

그림 35.《식물해부학(*Anatome plantarum*)》에 수록된 해부학적 묘사 그림

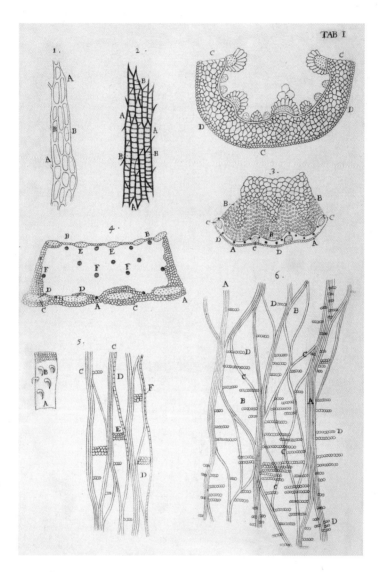

그림 36. 말피기의《식물해부학》에 수록된 해부학적 묘사화. 특징적인 지점들을
표시해놓은 문자가 눈에 띈다.

란한 시절을 증명하는 것이었다. 이곳에서 말피기는 식물을 체계적으로 연구하기 시작하여 위대한 발견들을 쏟아낸다. 그중 가장 중요한 것은 아마 살아 있는 생명체의 모든 기관이 그 크기에 상관없이 표준율로 구성된다는 사실일 것이다. 이 비율의 기본 단위는 그 크기가 매우 작아서 현미경으로만 관찰할 수 있다. 이처럼 말피기는 사실상 살아 있는 세포의 최초 관찰자였다.

메시나에서 말피기가 펼친 왕성한 과학적 활동은 두 가지 문서로 요약됐다. 식물학 역사에서 중요한 위치를 차지하는 이 두 문서의 제목은 '식물해부학 개념Anatome Plantarum Idea'과 '식물해부학'으로 몇 년 후 영국왕립학회Royal Society의 〈철학회보Philosophical Transactions〉에 서신 형식으로 발표됐다. 그리고 말피기도 이 학회의 회원이 된다(1671년 12월 21일에 회원으로 등록되는데, 아이작 뉴턴이 같은 날 회원이 된 왕립학회 동기다. 이날 말피기의 식물해부학 논문이 낭독됐다).

말피기가 식물해부학 분야에서 달성한 업적과 이 두 권의 책에서 서술한 내용의 전체적인 개념을 단순히 그가 이룬 발견의 수로 설명하기는 어렵다. 말피기는 나뭇가지에 달린 봉오리를 처음으로 정확하게 묘사하면서 또 하나의 식물로 성장할 잠재적인 존재라고 생각했다. 그는 봉오리를 '유아'에 비유해 훗날 나뭇가지에서 청소년이 된다고 정의하고(봉오리는 후에 가지에서 성장하는 아이와 같다Gemmae igitur sunt velut infans custoditus, qui tandem adolescit in ramum),
알에서 나온 배아와 비교하며 식물의 '축소본'과 같은 것이라
설명했다(축소본이 정확히 배아는 아니다compendium sit plantulae nondum
explicitae). 그 외에 꽃봉오리의 이름을 정할 때는 '이식'이라는 의미
의 말을 사용해 꽃봉오리가 독립된 개체임을 나타냈다.

1679년 출간본(《식물해부학》)에서 말피기는 조롱박과 콩, 밀
을 예로 들어 처음으로 종자 발아와 어린 식물의 다양한 성장 단
계를 조명하면서, 이러한 단계들이 발아 시기부터 일정한 간격을
두는 특성을 설명했다. 《사후의 작품》(1697)에서는 피마자Ricinus
communis와 대추야자Phoenix dactylifera의 종자와 그 발아 과정을 멋
진 삽화로 설명한다. 이 그림들의 질과 세밀함을 두고 한 세기 후
독일의 대식물학자 작스Julius Sachs는 그 정확성과 그림에 담긴 정
보의 질이 감히 따라잡을 수 없을 정도라고 평가했다.

식물학자로서 말피기가 얼마나 대단했는지는 그의 책들이
출간된 지 150년이 넘었는데도 아직 식물 연구 분야에서 눈에 띄
는 진보가 전혀 없다는 점에서 증명된다. 말피기가 그토록 왕성
한 연구 활동을 펼치면서 이미 모든 것을 발견한 것이다. 이를 증
명할 예도 있다. 1852년《식물해부학》이 출간된 지 170년도 넘은 후의

그림 37. 영어판《식물해부학》의 제목 페이지 삽화(1765~1769)

일이다) 아서 헨프레이(Arthur Henfrey, 1819~1859, 영국의 식물학자-역자)가 왕립학회에 큰가시연꽃 *Victoria regia*의 구조에 관한 설명을 발표할 때, 꽃을 소개하거나 묘사하는 부분은 말피기의 연구 내용에서 전혀 발전한 부분이 없었다.

말피기의 연구는 표현의 품질이나 정밀성에서만이 아니라 현미경학적 연구를 하는 새로운 시대의 시작을 알렸기에 방법론적 관점에서도 매우 뛰어나다고 볼 수 있다. 예를 들어 그는 나뭇가지의 구조를 연구할 때, 나뭇가지는 3차원의 구조물이므로 공간의 3면을 각각 다른 부분으로 나누어서 묘사했다. 이런 식의 도면은 포플러 가지의 형태를 나타낼 때도 사용됐는데(1675년), 이때는 반경과 접선, 가로 경사면을 조합해 설명했다. 또한 현재도 사용하는, 흥미로운 부분이나 범례를 문자로 표기하는 해부학적 표현 방식 역시 말피기가 시작한 것이다. 식물해부학에 관한 연구가 발표되자 말피기의 명성은 순식간에 유럽 전역으로 퍼져나갔고 어디서든 그를 식물해부학의 창시자라고 칭송했다. 한 세기 후 린네(Carl von Linné, 1707~1778, 스웨덴의 생물학자이자 작가-역자)는 한 종류의 식물에 그의 이름을 붙이기도 했다(말피기아 *Malpighia*).

말피기는 1694년 66년 3개월 19일간의 삶을 마감했다. 가에타노 아티(Gaetano Atti, 이탈리아의 역사학자이자 언어학자-역자)는

이 위대한 과학자를 자서전에 이렇게 기록했다.

그는 66년 3개월 19일을 살았다. 묘하게 지혜롭고 명쾌하고 이해력도 높았던 말피기는 쉽게 분노하지 않고 자신의 욕망에 빠져 자제력을 잃지 않는 신화 같은 존재였다. 그러나 그에게서 열정이 사라진 모습은 단 한 번도 볼 수 없었다. 그는 영광을 사랑했고 학업 속에서 영혼의 평화와 삶의 위로를 찾으려 했다. 그는 속이 깊고 마음이 풍요로워 결코 오만함에 빠지지 않았으며 승승장구하는 상황에서도 겸손했다. 몹시 마음이 관대하며 … 청렴하고 소박하고 부정한 소비를 하지 않으며, 순수하고 다정다감하고 충실하고 그 누구와도 비교할 수 없을 정도로 바른 사람이었다.

그림 38. 페데리코 델피노

식물의 지능을 최초로 발견한 식물학의 창시자

페데리코 델피노(Federico Delpino, 1833~1905)

페데리코 델피노는 두말할 것 없이 19세기 후반 이탈리아에서 가장 중요한 식물학자였다. 세계적으로 '식물학Plant Biology'의 창시자로 알려졌고, 식물학의 역사에 바친 그의 주요 공헌들은 수많은 종류의 수분受粉 메커니즘 연구에서 식물 체계의 개편을 넘나들었다. 자웅이숙이나 풍매, 충매를 비롯한 수많은 식물학 용어는 델피노가 1870년 무렵에 만든 것이다. 그의 용어가 소개되자마자 찰스 다윈에서 아사 그레이Asa Gray에 이르기까지 당시 최고의 식물학자들이 앞다투어 사용하기 시작했다.

델피노는 금방 사람들 사이에서 비범한 재능이 있는 학자로 알려진다. 세베린 악셀Severin Axell이나 프리츠 뮐러Fritz Müller, 프리드리히 힐데브란트Friedrich Hildebrand와 같은 사실상 19세기 말

세계 식물학의 엘리트 과학자들이 델피노에게 깊은 경의를 표하며 식물학의 창시자로 인정했다. 델피노와 진정한 우정을 나눈 일화로 유명한 편지를 교환하던 다윈 역시("제게 귀하의 사진을 보내주시면 매우 감사하겠습니다. 귀하가 제 사진을 기쁘게 받아주신다면 저도 사진을 보내겠습니다.")[1] 그를 진심으로 존경했다.

하지만 안타깝게도 의심할 여지없는 이 식물학자의 가치는 제대로 인정받지 못한다. 델피노가 이탈리아어만 사용한 탓에 수많은 학자가 그의 책에 친숙함을 느끼지 못했던 것이다(이탈리아어 서적에 대한 거리감은 지금도 마찬가지다). 다윈은 이미 오래 전부터 그의 책을 직접 읽지 못하고 매번 아내에게 번역을 맡겨야 한다며 불평하곤 했다.

"불운하게도 우리 과학인 중에서 이탈리아어를 읽을 수 있는 사람은 거의 없고, 당신도 알겠지만 나 또한 그런 경우라오. 일부는 내 아내에게 해석해달라고 부탁하는데, 그런 부분들이 모두 내가 아주 흥미로워할 내용이라고 확신하기 때문이오."

다윈의 시대부터 지금까지 상황은 전혀 나아지지 않았고, 식

---

1   G. 판칼디(Pancaldi, 1984), 《목적론과 다윈주의, 찰스 다윈과 페데리코 델피노의 서신(Teologia e darwinismo, la corrispondenza fra C. Darwin e F. Delpino)》, 클루에브(Clueb)·볼로냐.

물학의 역사에서 델피노의 이름과 역할은 실질적으로 거의 알려지지 않았다.

앞으로 몇 쪽에서는 이 특별한 식물학자의 주요 업적을 간단하게 설명해보도록 하겠다.

페데리코 델피노는 1833년 12월 27일 키아바리Chiavari에서, 변호사 엔리코 델피노Enrico Delpino와 카를로타Carlotta 여사의 다섯 자녀 중 장남으로 태어났다. 어린 시절 페데리코 델피노는 몸이 약해 어머니가 체력을 길러주려고 정원에서 오랜 시간을 보내게 했다. 페데리코 델피노는 자신의 유년 시절을 이렇게 기억했다.

자연주의자로서의 기질은 태어난 지 얼마 안 돼서 아주 어릴 때 습득했다. … 뛰어난 영혼을 가진 여성인 내 어머니는 내 몸이 약한 것을 걱정해 네 살부터 일곱 살이 될 때까지 하루 종일 집에 있는 작은 야외 정원에서 지내게 했다. 오랜 시간 혼자 남겨져 심심하기 짝이 없던 꼬마 아이가 무엇을 할 수 있었을까? 나는 하루 내내 개미와 꿀벌, 말벌의 습관을 관찰하며 시간을 보냈다. 그러면서 어리호박벌Xylocopa violacea의 둥지 생활 습성까지 알아냈다.

성인이 된 델피노는 제노바대학에서 수학과 자연과학을 공부하기 시작했다. 아버지의 죽음 후 집안의 경제 형편이 나빠지자 1850년 대학을 그만두고 열아홉 살의 나이로 키아바리 세관의 공무원이 된다. 1867년에는 당시 이탈리아왕국의 수도였던 피렌체로 이사해 피렌체식물연구소에서 필립포 파를라토레Filippo Parlatore의 조수로 일한다. 1871년에는 발롬브로사왕립연구소 Istituto Reale di Vallombrosa에서 자연사 교수로 임명돼 1875년 제노바대학 식물학과 교수 자리를 두고 벌인 경연에서 이길 때까지 재직한다. 1884년에는 볼로냐대학으로 옮겨 10년간 학생을 가르친다. 그리고 마지막으로 나폴리대학으로 옮겨 나폴리식물원까지 운영하다가 1905년 5월 14일에 사망한다.

델피노가 식물 과학계에 선물한 가장 중요한 공헌은 분명히 식물학의 탄생일 것이다.

1802년 장바티스트 라마르크Jean-Baptiste Lamarck와 루돌프 크리스티안 트레비라누스Ludolph Christian Treviranus, 두 식물학자(이 두 사람도 식물을 집중적으로 연구했다)가 동시에, 그러나 각자 따로따로 식물학을 소개했다. 미셸 푸코(Michel Foucault, 프랑스의 철학자-역자)의 정확한 지적에 따르면, 이전에는 과학으로서 생물학이 존재하지 않았고, 18세기에는 생명의 개념 자체가 낯선 것이었다.

"존재하는 모든 것은 살아 있는 생명체, 자연의 역사로 만들

그림 39. 페데리코 델피노의 키아바리 생가에 있는 기념패

어진 지식의 그물을 통해 보이는 생명체였다."[2]

그저 새로운 과학 분야에 대한 정의가 조금 다른 것뿐이지
만, 라마르크와 트레비라누스 두 사람 모두 자연의 주체들을 세
분야로 나누는 전통적인 구분 방식을 반드시 되새겨봐야 한다고
생각했다. 기존의 전통 방식은 마치 두 사람이 살던 당시 자연의
역사를 산 것과 죽은 것으로 구분하는 것이나 마찬가지라고 보

2 M. 푸코(1966년), 《말과 사물(Le mots et le choses)》, 갈리마르(Gallimard) 출판,
   파리.

앗기 때문이다. 이처럼 생물학의 개념은 무기물과 살아 있는 유기물을 구분하는 데 중점을 두고, 유기물을 연구하는 새로운 방식의 필요성을 만족하게 하고자 탄생한 것이다. 감각과 과민감의 개념은 의료 생리학에서 비롯된 것이므로 모든 살아 있는 생명체에 적용된다.

생물학의 개념은 처음 만들어질 당시에는 매우 광범위한 의미를 가리켰지만 시간이 흐르면서 점점 더 생리학적 개념, 즉 '살아 있는 유기물의 작용'으로 자리 잡았다. 이렇게 의미가 정확해진 것은 어쩌면 생물학이 형태학이나 분류학보다 기능적인 과정의 연구를 더 많이 제시하기 때문이었을 것이다. 당시에는 형태학이나 분류학이 자연의 역사에 접근하려는 특성을 보였다. 아니면 19세기에 들어서면서 지식이 전문화되는 경향이 강해졌기 때문일 수도 있다. 이런 이유에서든 저런 이유에서든, 생명체의 단일화에 대한 개념은 사실상 생물학으로 말미암아 급속도로 사라져갔다.

1867년 페데리코 델피노는 심혈을 기울인 자신의 저서 《식물학에 관한 고찰 _Pensieri sulla biologia vegetale_》을 기반으로 식물학을 환경과 관련한 식물의 생활을 연구하는 자연과학의 한 분야로 규정한다. 델피노는 이 새로운 학문 분야를 통해 자연과학계에 식물이 사용하는 메커니즘에 초점을 맞춘 연구 영역을 도입해 환경과

그림 40. 중앙은 찰스 다윈, 왼쪽 아래에서부터 시계 방향으로 페데리코 델피노, 프리츠 뮐러, 프리드리히 힐데브란트, 세베린 악셀(폴 크누스(Paul Knuth), 《꽃 생물학 안내서(*Handbuch der Blütenbiologie*)》, 1898~1904)

의 상호작용을 꾀하려 했다. 비슷한 시기에 촉망받는 식물학자 드캉돌(De Candolle, 스위스의 식물학자—역자)이 식물이 환경에 적응한다는 발상을 두고 '호기심을 자아내는 사건'이라고 규정한 것을 보면 상당히 혁신적인 생각임에는 분명했다.

원래 델피노는 동물학에서 본능과 행동학의 의미를 빌려 자신의 연구 내용을 설명할 생각이었다. 여기서 본능의 의미는 동물이 생존을 위해 종류별로 다른 모습과 형태로 지속적인 변화를 통해 꾸준히 발전시킨 행동 양식을 의미하는 것이다. 델피노는 동물 연구에서 사용한 의미를 방어나 재생산, 종자의 분산, 사회생활 등 복잡하고 헤아릴 수 없이 많은 식물의 행위를 설명할 때 사용해도 된다고 생각했다. 분명히 그는 식물계와 본능의 의미를 연결하려는 시도가 상당히 어렵다는 것을 알고는 있었다. 겉으로 보기에 식물은 움직이지 않아서 식물계에서 감각과 반응은 일반적으로 의미를 부여할 수 없었기 때문이다.

외형상으로 움직이지 않고 무감각한 식물의 베일이 걷히고, 그 속에 … 매우 호기심을 자극하는 일련의 현상들이 드러날 것이다. 그 현상들이 동물계에서 존재하는 천재성 및 효율성과 그 다양성의 수를 두고 우열을 다툴 것이다.

진화론의 강력한 지지자였던 페데리코 델피노는 식물학에서 종의 다양성에 대한 다윈의 이론을 증명할 지점을 찾아낸다. 그리고 1881년에 이런 글을 쓴다.

유기물을 다양화하는 주요 자극제는 외부 환경의 변화에 적응하는 유기물 자체의 진보적인 능력이다. … 현재 이 적응에 대한 연구나 한 유기물과 다른 유기물 간에, 혹은 한 유기물과 주변 환경 사이에 존재하는 복잡한 관계에 대한 연구는 생물학이 독보적인 권한을 쥐고 있다.

이렇듯 식물학은 종의 변형과 진화를 평가하기에 가장 적절한 방식을 제공한다. 델피노는 1899년 이렇게 단언한다.

생물학의 도움이 없으면 재미도 없고 무미건조하고 척박한 형태와 비유일 뿐인 형태학은 개념과 의미, 영혼까지 잃은 관망觀望이지 않을까? 순수하고 단순한 형태학은 우리의 무지함을 측정하는 수단에 지나지 않는 것은 아닐까? 그러나 다행히 형태학은 생물학의 지원으로 완성되고 재부상했으며, 두 학문이 서로 협력하면서 철학적 흥미도가 높은 과학적 복합체를 형성한다.

그러니까 델피노는 식물을 완벽하게 환경에 반응하고 진짜 행동을 보여주는 생명체로 여겼다. 식물에 대한 현대적인 관점에서 볼 때, 델피노의 눈부신 발견 중 우리가 따라 해야 할 것이 바로 이러한 협력, 즉 식물과 개미의 협력과 같은 것이다.

이탈리아의 식물학자 델피노는 오랫동안 왕성한 호기심을 잃지 않고 식물의 메커니즘과 동물 천적으로부터 자신을 보호하는 수많은 전략을 연구했다. 식물은 미생물에서 포유류에 이르기까지 자신을 영양 공급원으로 사용하는 수많은 유기물에 대응하려고 능동적·수동적 방어 메커니즘들을 진화시켜 천적의 공격을 예측해 사기를 꺾거나 심지어 억압하기까지 한다. 직접적인 방어 방법으로는 가시나 침, 유황·독이나 기타 유해성분을 사용하는데, 이러한 방법들은 천적을 공격하고자 만들어진 대표적인 수단이다.

간접적인 방어 방법들은 거의 다 구분하기가 쉽지 않은데, 그런 방어 전략에 관심이 지대했던 델피노는 이를 체계적으로 연구해 처음으로 식물에서 개미와의 공생 현상을 발견한다. '개미에 대한 사랑'이라는 뜻을 가진 '미르메코필리myrmecophily'는 개미와 다른 종 사이의 긍정적인 관계를 설명하는 단어다. 델피노는 이미 매미충Cicadellidae과 개미 사이에서 발생하는 공생 관계에 대한 모든 것을 연구했다.[3] 매우 공격적인 성향의 개미는 매미충을 보호하고 매미충은 개미의 보호를 받는 대신 개미가 자신의 배에서 매우 달콤하고 영양이 풍부한 즙을 빨아먹게 해준다. 이 관계를 연구한 후, 델피노는 이와 동일한 가설을 식물에 적용해 약 80여 종의 식물이 개미와 상호 이익 교환 관계에 있다는 것을 알아낸다.[4] 델피노는 토스카나 주에서 지내는 동안 거의 모든 시간을 이 첫 번째 연구에 쏟아부었고, 초반부터 필립포 파를라토레(토스카나원예학회Società Toscana di Orticoltura 공보公報 수석 관리자를 지내다가 발롬브로사왕립학회에서 자연사 교수를 지냄)를 보조 연구원으로 두고 이후로도 계속 연구 활동을 함께했다.

피데리코 델피노가 식물과 개미가 상부상조하는 이 특별한 관계에 관심을 두었던 것은 그다지 알려지지 않았지만, 꽃 이외의 꿀샘에 대한 해석, 즉 수많은 식물이 꽃 외에 꿀을 생산할 수 있는 작은 구조물이 있다고 해석한 부분은 찰스 다윈과 상당한 과학적 논쟁을 불러일으킬 만했다. 다윈은 이러한 꽃 외의 꿀샘

---

3 F. 델피노(1872), 〈개미와 개미땅멸구(Tettigometridae)의 관계와 진딧물 및 콕시둠의 계보에 관하여(*Sui rapporti delle formiche colle tettigometre e sulla genealogia degli afidi e dei coccidi*)〉, 《이탈리아자연과학회 논문집》 15, 472~486쪽.

4 F. 델피노(1874), 〈곤충과 식물의 수정 외 꿀의 관계(*Rapporti tra insetti e nettari extranuziali nelle piante*)〉, 《이탈리아곤충학회 공보》 6, 234~239쪽.

그림 41. 알프레드 게스동(Alfred Guesdon)과 멀러(Th. Muller)의 석판인쇄에 담긴 피렌체 전경(1849)

이 식물에서 아무런 기능도 하지 않으리라고 생각했다. 《종의 기원》에 이에 대한 내용이 있다.

> 일부 식물은 달콤한 즙을 방출하는데, 이는 분명 수액에서 해로운 무엇인가를 제거하려는 것이다. 이러한 배출은, 예를 들면 일부 콩과 식물의 수액선, 턱잎의 밑 부분과 일반적인 식물의 잎 뒷부분에서 일어난다. 이 과정에서 나오는 즙은 소량이지만 곤충은 이를 잘 찾아내고, 이때 곤충의 방문은 식물에게 아무런 혜택이 없다. 현재 우리는 모든 종류의 식물 중 일부에서만 이 즙, 혹은 꿀이 꽃 속으로 들어간다고 추측한다. 꿀 채집을 다니는 곤충은 몸에 꽃가루를 묻혀 이 꽃에서 저 꽃으로 옮긴다. 그렇게 해서 같은 종류지만 멀리 떨어져 있는 두 개체의 꽃이 교차하는데, 증명된 바에 의하면 이때 더 번성한 식물을 기원으로 하므로 이후에 꽃을 피우고 생존할 가능성이 커진다. 꽃을 피우는 식물 중에서 꿀이 많은 식물은 꿀을 더 많이 방출할수록 곤충의 방문이 더 빈번하므로 생식이 더 많이 일어나고, 번성기가 길어지며 여러 지역에서 자라게 된다.

요약하면, 다윈은 꽃 외의 꿀샘은 불필요한 물질을 방출하려고 식물이 자체적으로 만든 배출 기관이라고 생각했다. 이러

그림 42. 황소뿔아카시아(*Vachellia cornigera*)와 침이 있는 개미(*Pseudomyrmex ferruginea*) 사이의 공생 관계(© 댄 펄먼(Dan L. Perlman), 에코라이브러리 (EcoLibrary), 2008)

한 기관들이 꾸준한 적응 과정을 거쳐 진화해서 나중에 변형돼 교차 수분을 하고자 벌이나 다른 곤충들을 끌어들일 수 있는 꽃 기관이 된다. 그러나 델피노는 이러한 가설이 마음에 들지 않았 다. 당분의 함량이 그렇게 높은 물질을 단순한 배설물이라고 규 정할 수 없다고 보았기 때문이다. 식물이 꽃 외의 꿀샘을 통해 당 분을 잃는다면, 이 꿀샘은 꽃의 꿀샘과 비슷한 기능, 즉 식물의 생명에 혜택을 주는 곤충을 끌어들일 수 있어야 한다.

델피노는 자신의 이론을 증명하려고 개미와 관련하여 식물이 취하는 방어와 보존의 행동 양식에서 얻을 수 있는 이익을 분석하기 시작했고, 방대한 연구 결과를 모아 1886년에 최종적인 논문을 완성했다. 이 논문에서 델피노는 300속, 50과에 속하는 꽃 외에 꿀샘이 있는 미르메코필리 종 3000여 가지를 찾아내 설명했다. 또한, 델피노는 꿀을 제공해 개미를 끌어들이는 식물 외에도 19속, 11과에 속하고 은신처를 제공해 개미를 끌어들이는 종을 130가지나 연구한다. 식물과 개미의 공생에 관한 델피노의 천재적인 연구는 당시까지 의심도 품지 않았던 분야, 즉 서로 생명 유지에 원초적인 도움을 주는 식물과 곤충의 협력 관계에 대한 연구 분야의 서막을 열었다.

결론적으로 식물을 지적인 존재로 재인식하게끔 했다는 점에서 델피노의 연구 결과를 간과하면 안 된다. 델피노는 지능의 정확한 의미 규정이 살아 있는 유기물을 식별하는 첫걸음이라고 생각했다. 델피노에게 지능은 어떤 한계가 있는 현상이 아니라 지속해서 점차 변화하는 것이었다.

본능과 이성을 두고 대부분 형이상학자는 상반되는 개념이라고 생각하지만, 이는 본질적으로 지능이라는 하나의 원칙이 두 가지 형태, 혹은 서로 다른 방식으로 점차 변화하는 것일

뿐이다. 순수한 지능은 추측이든 인식이든 행위로 해석되는 것이므로 그 자체만 인지하는 것은 불가능하다.

그리고 어떤 행위가 지능적이라고 판단하려면 세 가지 단계를 거쳐야 한다.

시작점과 궤도, 목표… 사수射手의 눈에서 출발해 공간을 가로질러 목표물을 맞히는 화살과 같다.

이 세 단계는 본능에 따른 행위와 이성에 의한 행위에서 모두 나타나는데, 본능과 이성의 차이가 질이나 범주의 차이가 아니라 단순히 양적인 차이기 때문이다. 본능적인 행위를 이성에서 비롯한 행위와 구분하는 핵심 요인은 인식뿐이다. 따라서 모든 살아 있는 생물이 다음과 같은 상태일 수 있다.

1. 처음과 중간, 마지막 의미까지 시종일관 우둔하다.
2. 점진적으로 첫 번째와 마지막 의미를 인지하지만, 중간 의미는 전혀 인지하지 못한다.
3. 조금씩 세 단계의 의미를 모두 인지한다.

동물로 따지면 배아기에 비유할 수 있는 식물의 생활은 최소한의 인식을 통해서만 특성이 부여된다. 그렇다고 해서 식물은 지능이 없다는 의미는 결코 아니다. 오히려 그 반대다.

식물학자들은 대체로 이러한 불일치에 빠져 있으면서도 일반적인 혹은 특별한 학술서에 식물학에 관한 내용을 발표하는데, 이들은 식물의 생동감 있는 표현을 제대로 구분할 줄 몰라 이를 간과한다. … 이 불일치성은 꽤 널리 알려졌고 사람들에게 깊이 뿌리 내리기도 한 몇 가지 의견, 내게는 선입견처럼 보이는 의견들의 결과를 합당하다고 생각하면 어렵지 않게 설명할 수 있다.

조직학적으로 유연한 고체 성분으로 구성되어 식별하기 쉬운 동물은 자신의 감각과 야망, 지능, 그리고 신의 가호로 시간과 공간 속에서 자기 움직임에 대해 예측한 안전성을 행동과 표현으로 나타낸다. 식물은 단단하고 대체로 유연하지 않은 해부학적 요소들이 치밀하게 연결된 데다가 땅속에 강력하게 고정되어 있어서 아주 드문 경우에만 이 감각을 드러낸다. 그래서 진정한 선구자만 이 감각을 판단하고 식물의 확실한 표시를 알아보므로 식물에 지능이 있다는 의견은 일반적으로 거부당한다. 내게는 이러한 결론이 사물의 표면만 편파적으로 평가한 산물로, 심각한 실수로 보인다.

최근 다시 델피노의 책들을 읽어보면, 전체적으로 그가 제시한 개념들이 너무 현대적이어서 놀랍기 그지없다. 델피노가 과학에 접근하는 방식에 영향을 끼친 기본적인 관점은 그의 수많은 저서 속에서 느낄 수 있다. 심지어 거의 일기 형식으로 간단한 사건들을 기록할 때나 참피나무*Tilia Vulgaris*나 그 밖의 다른 식물에서 사용한 종자 파종 기술을 설명할 때도 델피노만의 관점이 여실히 드러난다.

이제 필자가 개인적으로 각별한 애정을 품은 위대한 식물학자에게 바치는 이 짧은 글을 마치며 학자로서 그의 이력에 의미 있는 일화 하나를 떠올려 본다.

델피노가 어느 바람 부는 날 피렌체의 아르노Arno 마을을 한참 산책하는데 무엇인가 그의 곁을 날아다녔다고 한다. 그는 단번에 나비인 것 같다는 느낌을 받았고, 그 비행 물체를 유심히 바라봤다. 재빨리 손으로 낚아채 펼쳐보니 정말 이 비행 물체 하나가 손바닥에 남아 있었다.

양 손바닥으로 나비를 짓누르지 않고도 잡을 수 있었다. 그런데 그것이 꽃자루와 끈끈한 덧잎이 달린 참피나무 열매라는 것을 알고 놀라지 않을 수 없었다. 그래서 나는 그 열매가 어떻게 비행할 수 있는 그런 부품을 가지게 되었는지 생각해봤고, 그 작은 비행 장비가 단순하면서도 완벽하다는 사실에 충격을 받았다. 각 요소들의 비율이 얼마나 잘 계산되어 있는지 수학자도 놀랄 정도였다. 가장 무거운 부분인 열매는 균형을 맞추는 데 사용돼 꽃자루가 수직을 유지하고 덧잎은 길이 방향으로 약간 경사를 이루게 해준다.

이렇게 그것에는 바람 부는 날 어린이들이 날리며 노는 연이나 솔개와 거의 흡사한 장치가 있다. 하지만 연은 끝에 방향을 조절하는 데 필요한 긴 틀이 달린 평평한 상승판이 있어 수평으로 언제나 같은 방향으로 나가지만, 작은 참피나무 열매 비행 장비는 뱅글뱅글 돌면서 원 모양을 그리며 앞으로 나간다는 차이가 있다. 이때의 회전수는 바람의 세기에 따라 달라진다. 이러한 차이가 첫눈에 보기에는 우연이나 미완성인 것처럼 보일 수 있지만, 이는 무척 천재적이고 탁월한 장비다. 사실 연은 비행 추진 장치에 대응하는 줄의 길이와 줄에 실린 무게 중력, 방향 조절에 사용하는 긴 돌기가 바람이 아주 거세게 불 때도 균형을 잃고 뒤집히지 않게 해준다. 자연 속에 있는 것들을 보면 지극히 간단하고 경제적인 특성이 있다. 그런데 이제 그 자연이 이 비행 장비가 일정한 방향을 향하는 축이 아닌 회전축을 이용해 평행운동을 하도록 했다. 그리고 물질의 사용량은 최소한으로 줄이면서 격렬한 바람에 부딪혀도 나선형으로 회전하는 빈도를 높여 바람의 강도를 줄이거나 아예 상쇄해 비행 장비가 안정적으로 균형을 유지해야 하는 문제를 해결했다.

이런 조건이 아니었다면 꼬리 부분의 돌기나 엄청난 길이의 꽃자루, 그리고 상당히 무게감 있는 열매를 만드느라 방대한 양의 물질을 낭비해야 했을 것이다.

델피노는 호감 가는 문체로 참피나무 종자의 비행 장치를 자세하고 전문적으로 설명함으로써 요즘 우리가 '친환경적 접근'이라고 부르는, 즉 자연에서 일어나는 사건을 연구해서 기술적인 솔루션을 확보할 가능성을 찾으려 했다. 그리고 또 한 번, 그가 얼마나 시대를 초월한 인물인지를 증명했다.

LIND, TILIA VULGARIS.

그림 43. 참피나무의 가지와 잎. 피나뭇과, 혹은 아욱과에 속하는 매우 수명이 긴 나무

3장

"식물학은 어느 정도 고독하고 게으른 사람에게 적당한 학문이다. 지팡이와 확대경 하나가 식물을 관찰할 때 필요한 장비의 전부다. 떠돌아다니면서 이 식물에서 저 식물로 자유롭게 옮겨 다니고, 온갖 꽃을 흥미와 호기심을 가지고 살펴본다. 그리고 식물 구조의 법칙을 알아내기 시작하면 식물을 바라볼 때 마치 그것을 알아내고자 큰 고통이라도 겪은 것처럼 매우 강렬한 기쁨을 느낀다. 이 한가로운 작업에는 우리가 열정에서 완전히 벗어나 차분할 때만 인지할 수 있는 매력이 있으나, 그때는 그 매력만으로도 인생이 충분히 행복하고 달콤해진다."
                                                    – 장 자크 루소 중에서

그림 44. 레오나르도 다 빈치

집요한 관찰력으로
식물의 나이를 최초로 추적한 천재

레오나르도 다 빈치(Leonardo da Vinci, 1452~1519)

> 자연에서 이유 없이 생기는 일은 없다. 이유가 무엇인지 알면
> 굳이 경험할 필요가 없다.
>
> 레오나르도 다 빈치

역사상 레오나르도 다 빈치보다 더 '다재다능한 천재'라는 수식어가 어울리는 사람은 없었다. 화가, 조각가, 건축가, 기술자, 음악가, 무대 디자이너, 물리학자로서 그의 재능은 곳곳에서 빛을 발했고, 실질적인 품질이나 과학적 직관 등의 측면에서 거의 믿을 수 없을 정도로 월등한 결과물들을 남겼다.

레오나르도 다 빈치는 열다섯 살 무렵부터 피렌체의 화가이자 조각가, 금세공사인 안드레아 델 베로키오Andrea del Verrocchio

의 공방에서 일을 배우기 시작한다. 당시는 과학 지식은 중세 시대로부터, 즉 아리스토텔레스를 비롯한 고대 철학자들로부터 전승된 지식이 한데 모여 기독교 교리와 밀접한 관계에 놓였던 시대였다. 그뿐만 아니라 이 시대에는 과학 실험이나 아리스토텔레스의 가르침을 거스르려는 시도는 본질적으로 파괴적인 것이라고 인식했다. 자랑스레 독학했던 레오나르도 다 빈치는 그런 상황이 몹시 마음에 들지 않았고, 당시의 시대적 편견을 배제하고 자주적으로 끝없이 그의 관심을 사로잡던 수많은 자연현상을 연구했다. 그는 변덕이 심했던 것으로 유명한데, 이 변덕의 원인은 바로 끝없는 호기심이었다. 한 가지 문제를 이해하고 나면 그것에 대한 관심은 완전히 사라지고, 다른 문제로 눈길을 돌렸던 것이다.

직접적인 경험이 과학 연구의 핵심이라는 확신은 레오나르도 다 빈치 원칙의 초석 중 하나였다. 그는 이렇게 말하고는 했다.

… 내가 유식하지 못하고, 어느 거만한 자들은 나를 무식한 사람이라 비난할 수 있다는 것을 잘 안다. 어리석은 사람들! 타인의 수고로 자신을 꾸미는 사람들은 나 자신의 수고로 얻은 것은 인정하지 않으려 한다. 혹은 내가 얻은 것들이 타인의 말에 의한 것이 아니라 경험에 의한 것임을 모른다.

레오나르도 다 빈치는 경험적 관찰과 추론의 과정을 거쳐야 사물의 원인을 연구하는 이론을 얻을 수 있다는 것을 깨닫는다. 그래서 한 세기 전 갈릴레이에 대해서는 이런 글을 쓰기도 했다.

… 나는 앞으로 나아가기 전에 먼저 실험한다. 이러한 내 의도는 실험한 후에 왜 그 경험이 그런 식으로 작용할 수밖에 없는지를 이론으로 증명하기 위해서다. 이것이 자연의 여러 현상을 공부하는 자들이 지켜야 할 진정한 법칙이다.[1]

실험적 이론을 성실하게 활용한 덕에 레오나르도 다 빈치는 자신이 관심을 두었던 수많은 분야에서 당대보다 몇 세기 앞선 매우 중요한 결과물들을 얻을 수 있었다. 그러니 식물학에서도 레오나르도 다 빈치가 식물의 생활을 관장하는 중요한 법칙들을 몇 세기 정도 앞질러 거의 정확히 짚어냈다 해도 그다지 놀랄 일은 아니다. 실제로 수많은 세월이 흐른 뒤에 등장한 과학자들이 레오나르도 다 빈치가 발견한 것들의 덕을 본 일은 부지기수며, 그의 초기 관찰 자료들은 어느 것 하나 버릴 것이 없었다.

식물학적 특성 표기법은 레오나르도 다 빈치의 코드로 분산

---

1   Ms. E, 55쪽 r.

돼 있다. 레오나르도의 제자 프란체스코 멜치*Francesco Melzi*가 수집한 레오나르도의 글을 모은 유명한 선집《그림 학술서*Trattato della pittura*》를 보면, 그중에《나무와 채소에 관하여*Degli alberi e verdure*》라는 제목의 책은 책 전체가 식물학에 관한 내용을 다룬다. 이 책에 몇 가지 특별 요리법과 함께 식물에 대해 적은 메모의 양과 질은 놀라울 정도인데, 그것을 보면 레오나르도가 말년에 식물의 성장에 대해 자신이 아는 모든 측면을 다룬 진정한 학술서를 썼거나, 적어도 쓸 계획이 있었던 것 같다.

레오나르도 다 빈치의 시대에는 식물학이 대부분 고대인이 연구한 지식에 기대야 하는 과학이었다. 당시 식물학을 연구한 학자들을 꼽아보자면, 아리스토텔레스와 기술記述 식물학의 대가로 '식물학의 아버지'라 불리는 테오프라스토*Teofrasto*, 그리고 그 뒤를 이어 플리니오 일 베키오*Plinio il Vecchio*와 같은 시대에《약물학*De materia medica*》을 쓴 디오스코리데스*Dioskorides*를 들 수 있다.《약물학》은 600개 이상의 다양한 식물에 대한 내용을 수록한 책으로, 저자인 디오스코리데스는 르네상스 시대까지 식용식물과 방향식물, 약초 등에 대한 묘사로는 독보적인 명성을 누렸다. 수천 년 동안 이《약물학》에서 언급하지 않으면 아무리 좋은 약이라도 합법적으로 인정하지 않았다. 간단히 말하면 레오나르도 다 빈치의 시대의 식물학은 1000년도 넘는 과거로 거슬러 올라가

그림 45. 레오나르도 다 빈치, 잎과 열매가 달린 블루베리 나뭇가지 연구(대략 1506~1508)

당시에 관찰한 것들을 본질적으로 설명하고, 그것을 바탕으로 식물의 용도, 즉 식물을 식용이나 약용으로 사용할 방법을 연구하는 것이었다.

그런 상황에서 레오나르도 다 빈치가 혜성처럼 등장한다. 예를 들어 요즘 우리가 잎차례라고 부르는 것에 대한 설명을 보면, 정확히 잎의 배열을 과학적으로 연구했다. 레오나르도 다 빈치는 안드레아 체살피노(Andrea Cesalpino, 《식물론(*De plantis libri*, 1583)》)나 마르첼로 말피기, 니어마이아 그루^{Nehemiah Grew}보다 한 세기 앞섰고, 세계적으로 잎차례 법칙의 진정한 창시자로 알려진 스위스 식물학자 샤를 보네(Charles Bonnet, 《식물의 잎 사용에 관한 연구(*Recherches sur l'usage des feuilles dans les plantes*, 1754)》)보다는 두 세기 먼저 개괄적으로 잎이 줄기에 배열되는 양상을 다뤘다. 《그림 학술서》를 보면 잎차례에 관해 다음과 같이 언급한 내용이 있다.

자연은 수많은 식물의 마지막 가지에 잎을 달았고, 언제나 여섯 번째 잎이 첫 번째보다 위에 있으며, 이 규칙이 방해받지 않는 한 그런 식으로 계속 이어진다. 이러한 배열은 자연이 식물의 유용성을 고려하여 만든 것이다.

…

잎은 항상 하늘 쪽으로 곧게 뻗는데, 이는 공기에서 느린 움직임으로 내려오는 이슬을 모든 표면에 더 잘 받도록 하려는 것이다. 벽을 덮은 담쟁이넝쿨에서 볼 수 있듯, 잎들은 하나가 다른 하나를 되도록 덜 덮고자 3등분 정도만 겹쳐지는데, 이러한 3등분은 잎들 사이로 공기와 햇빛이 침투할 수 있는 여백을 두려는 것이다.

...

딱총나무의 아랫부분 가지를 보면 잎이 두 개씩, 하나가 다른 하나 위로 교차하여 달렸다. 줄기가 하늘을 향해 곧바로 뻗어 있어도 이러한 배열은 변함이 없으며, 잎 대부분이 줄기의 가장 굵은 부분에 달렸고 일부는 조금 더 가는 쪽, 즉 끝쪽에 달렸다.

...

식물의 가지치기가 기본 가지에서 이루어지듯 잎의 한해살이에서도 가지 위로 잎들이 피어나는데, 잎의 탄생은 네 가지 방식으로 이루어진다. 첫 번째로 하나의 잎이 다른 잎보다 높이 나는 방식이 가장 보편적인데, 언제나 위쪽의 여섯 번째 잎이 아래쪽의 여섯 번째 잎 위에 달린다. 두 번째 방식은 위쪽 잎의 3분의 2가 아래쪽 잎의 3분의 2를 덮는 것이며, 세 번째 방식은 위쪽 세 번째 잎이 아래쪽 세 번째 잎 위에 있는 것이다. 네 번

그림 46. 레오나르도 다 빈치, 베들레헴의 별과 숲의 아네모네, 등대풀속(屬)의 두 식물 (1506~1508년경)

째 방식은 전나무처럼 단계적으로 자라는 것이다.

...

나무의 모든 가지치기는 윗부분의 여섯 번째 잎에서 발아하고, 이 잎은 아래쪽 여섯 번째 잎 위에 있다. 포도나무나 사탕수수도 마찬가지며, 자두나무도 포도나무와 같다. 클레머티스Clematis나 재스민을 제외하고 블랙베리나 그와 비슷한 나무들은 기울어진 잎 위에 또 다른 잎이 얹힌 형태를 취한다.

여기에 언급된 레오나르도 다 빈치의 생각을 보면 그가 잎차례의 순서 개념을 확실하게 이해한다는 것을 알 수 있다. 그는 사실상 오늘날 우리가 아는 1/2, 1/3, 2/5의 잎차례 공식이나 반대편 잎들 나선 부위 엑스(X) 자형 교차 등의 배열(1/2)을 설명했다. 더 놀라운 것은 레오나르도 다 빈치가 단순히 자연현상뿐 아니라 그 기능에 관해서도 설명했다는 것이다. 그는 이러한 잎의 배열이 "공기와 햇빛이 잎들 사이와 공간에 침투할 수 있도록 빈틈을 마련하는 데 필요하다."라는 것도 알았다. 이후 수 세기가 지난 1875년 율리우스 폰 비스너(Julius von Wiesner, 1838~1916)가 처음으로 잎차례가 나선형으로 배치되어서 잎이 다른 잎들 때문에 그늘지지 않기에 식물은 빛을 흡수하는 데 최적화된 형태라는 혁신적인 분석과 설명을 내놓는다.

에듬 마리오트Edme Mariotte[2]가 잎이 물을 흡수하는 작용을 실험으로 증명한 것이 1679년인데, 레오나르도 다 빈치는 그보다 수 세기 전에 똑같은 현상을 관찰했고, 믿기 어렵지만 자신의 이론을 증명하고자 실험도 했다. 아래의 내용이 그가 얻은 결과에 대한 설명이다.

잎의 곧은 면들은 하늘을 향해서 밤에 떨어지는 이슬의 영양분을 받는다. 태양은 식물에 영혼과 삶을 주고, 땅은 습기로 영양을 공급한다. 이 문제와 관련해 나는 호박의 뿌리를 최소한만 남기고 물로 영양을 공급받도록 하는 실험을 한 적이 있다. 이 호박은 생산할 수 있는 모든 열매를 완벽하게 성장시켰고, 길쭉한 호박이 50개 정도 열렸다. 그리고 이 생명체에 대해 신중하게 생각해본 결과 밤이슬이 커다란 잎에 붙었다가 수분과 함께 충만히 스며들어 식물에 영양을 공급하고, 식물은 새끼와 함께 이 영양분을 흡수하거나 새끼를 생산할 에너지를 갖게 된다는 것을 알았다.

---

2 E. 마리오트(1679), 《식물 성장에 대한 초창기 실험(*Premier essai de la végétation des plantes*)》, 파리.

레오나르도 다 빈치의 식물학적 주요 발견들을 되짚어 보면 자연스럽게 떠오르는 것이 한 가지 더 있다. 바로 줄기의 2차 생장으로 생긴 동심원의 수가 해당 나무의 나이와 같다는 것을 관찰한 것이 바로 레오나르도 다 빈치였다는 점이다. 지금은 보통 다들 아는 상식이지만 고대에는 알려지지 않았던 사실이었다. 아래의 글을 보면서 그의 관찰이 어떻게 이루어졌는지 함께 살펴보자.

> 식물의 남쪽 부분은 북쪽 부분보다 훨씬 더 활력 있고 젊어 보인다. 톱질한 나무의 줄기에 있는 원들은 나무가 산 햇수를 나타내며, 나무는 그 굵기가 굵거나 가는 정도에 따라 습하거나 건조했다. 그리고 나무는 그들이 있었던 세상의 모습을 보여준다. 남쪽 부분보다 북쪽 부분이 더 큰 나무는 중심이 북쪽이 아닌 남쪽 껍질 부분에 가깝게 자리하고 있다.

이 짧은 단락에서 레오나르도 다 빈치는 나무의 나이를 계산하는 방법뿐 아니라 일반적으로 150년 이상의 세월이 흐른 뒤 말피기가 관찰한 것으로 알려진 소위 줄기의 '편심eccentricity'이라고 하는 것도 발견했다는 것을 알 수 있다.('중심이 정확히 중앙에 자리를 잡지 않고 이동했는데… 남쪽으로 이동하고 나무의 양 증가가 점진적으로 감소한다medulla non exacte centrum occupat, sed ut plunmum... proximior est cortici, *versus meridiem, minuitur adaucta sensim lignea portione*')3 그리고 마지막으로 기후의 변화가 나이테의 너비에 끼치는 영향에 대해서도 정리했다. 그가 정리한 내용은 그야말로 진정한 정보의 광산이었고, 이 정보들을 통해 연륜연대학4과 같은 과학 분야가 탄생했다. 나무의 나이테를 관찰함으로써 얻은 정보를 이용해 과거 일정한 기간 특정 지역의 기후를 추측해볼 수 있게 됐고, 지리적 영역에서 과거와 현재의 생태와 환경 특성을 평가할 수 있게 됐으며, 심지어 예술 작품의 진위 판정과 역사적 건물에서 목조 구조의 연대도 추정할 수 있게 됐다.

그러나 식물학에서 레오나르도 다 빈치의 공이라 할 수 있는 가장 중요한 발견은 부피 생장으로 말미암은 줄기의 2차 생장이다. 그가 이 작용을 해석했다는 점은 그 누구도 의심할 수 없을 것이다.

식물은 수액으로 크기 성장이 이루어지는데, 이 수액은 나무 자체의 물통과 목질 안에서 4월에 생산되며, 이 시기 나무의

---

3   M. 말피기(1686), 《식물해부학 개념》, 런던.
4   나무의 나이테를 통해 과거의 기후변화와 자연환경을 밝혀내는 학문. 미국의 천문학자 A. E. 더글러스가 수목의 나이테 너비가 연대에 따라 변화하는 것을 이용해 과거 기후의 주기성을 연구한 것에서부터 발전했다. –감수자(출처: 두산백과)

물통은 수피樹皮로 전환된다. 그리고 이 수피에서 기존에 균열한 부분 안쪽에 또다시 새로운 균열이 생긴다.

2차 생장을 정확하게 해석한 레오나르도 다 빈치는 실질적인 응용을 하기 시작했고, 처음으로 원형 박피剝皮 기술에 대해서도 언급한다.

나무 가죽의 원형 고리를 빼내면 고리의 위쪽은 건조되고 아래쪽은 살아 있다. 그리고 이 고리는 온전치 못한 달 모양으로 만들어놓고, 나무의 끝부분을 온전하게 둥근 달 모양으로 잘라내면, 온전한 달 모양의 고리는 보존되고 다른 고리(온전치 못한 달 모양)는 썩는다.

레오나르도 다 빈치의 천재성은 이미 다방면에서 수없이 드러났지만, 이제까지 본 것처럼 식물학 분야에서의 뛰어난 업적도 추가하지 않을 수 없다. 우리는 조르조 바사리Giorgio Vasari가 자신의 책 《인생Vite》에서 레오나르도 다 빈치에 대해 한 말에 전적으로 동감하지 않을 수 없을 것이다.

물론 천상의 흐름에서 인간의 몸에 크나큰 축복이 비처럼 내

그림 47. 레오나르도 다 빈치, 《꽃 연구(*Studio di fiori*, 대략 1495)》

리는 것을 본 적은 무척 많다. 어떤 때는 초자연적으로 한 인간에게만 어니서든 사용할 수 있는 아름다움과 은혜, 덕이 부여될 때도 있다. 이러한 것을 부여받은 자의 모든 행동은 너무나 신성하다. 그러한 자는 다른 모든 인간을 뒤로한 채 신으로부터 기쁘게 선물 받은 것으로 (바로 레오나르도 다 빈치처럼) 자신을 알리고, 인간의 기교로 말미암은 것은 취하지 않는다.

인간들은 레오나르도 다 빈치에게서 그러한 인간의 모습을 보는데, 그에게는 육체적 아름다움 외에, 그의 모든 행동에 무한하게 담겼으나 충분히 칭찬받은 적이 없는 관대함을 비롯한 수많은 매력이 있다. 그 밖에도 그는 어디서든 어려운 문제를 찾아 간단하게 완전한 답을 구하는 미덕이 있었다. 그가 가진 힘은 매우 강한 데다가 민첩성과 덕이 더해져 언제나 당당하고 관대하다. 매우 널리 알려진 그의 명성은 그의 시대에서만 가치를 인정받은 것이 아니라 사망 후에 후손에게 더 존경받았다.

그리고 정말 하늘은 가끔 인간이 아닌 그 자체로 신성을 나타내는 자들을 보내는데, 우리가 그 신성한 자를 본보기 삼아 모방하면 위대한 하늘의 일부인 영혼과 지성의 위대함에 다가갈 수 있다.

그림 48. 조지 리치먼드(George Richmond)의 수채화. 비글(Beagle)호를 타고 여행을
다녀온 찰스 다윈

죽기 전 마지막 편지에서도
식물을 생각한 사람

‖‖

찰스 다윈(Charles Darwin, 1809~1882)

> 과학에서 신용은 먼저 개념을 발견한 자가 아니라
> 세상을 설득하는 자에게 돌아간다.
>
> 프랜시스 다윈(Francis Darwin, 1848~1925)

다윈의 집안은 과학 연구를 대대로 이어온 대표적인 예다. 찰스 다윈의 할아버지 이래즈머스Erasmus부터 시작해 현재까지 일곱 세대를 거쳐오는 동안 가장 권위 있는 영국 과학 대학인 왕립학회 회원을 열 명 이상 배출했다. 이 신기한 집안에서 관심을 둔 지식의 가지들은 천문학(조지 다윈George Darwin)에서 물리학(찰스 골턴 다윈Charles Galton Darwin), 신경과학(호러스 발로Horace Barlow), 경제학(유명한 경제학자 존 메이너드 케인스John Maynard Keynes도 다윈 집안과 관련

이 있다)까지 뻗어 있었지만, 이 가문이 선택한 학문은 식물학이
라 할 수 있다.

찰스 다윈의 할아버지 이래즈머스부터 현재 런던의 자연사
박물관Natural History Museum의 식물학자 사라 다윈Sarah Darwin에 이
르기까지 다윈 집안은 식물계 연구를 하지 않은 세대가 없었다.
어떻게 보면 집안 전체가 진화하듯 식물학자 배출에 적응한 것
같다. 마치 다윈의 환경 적응 이론을 조금씩 더 확실하게 증명하
려는 것처럼 말이다.

다윈 집안에서 식물의 왕국 연구에 혼신을 바친 첫 번째 인
물은 이래즈머스 다윈이다. 찰스 다윈의 친할아버지인 이래즈
머스는 초창기 진화주의 과학자였고, 린네를 가장 많이 홍보해
준 사람이었다. 그는 스웨덴의 이 위대한 식물학자의 책들을 라
틴어에서 영어로 번역하는 일을 마치자마자 리치필드식물학회
Lichfield Botanical Society를 창설했는데, 이 학회의 창설 목표는 대영
제국에 린네의 등급 분류를 확산하는 것이었다. 그 결과물이 두
권의 책이다. 《식물의 체계(A System of Vegetables, 1783~1785)》와
1787년 《식물의 가계The Families of Plants》, 이 두 권의 책에서 이래즈
머스 다윈은 지금까지도 영어권에서 사용하는 식물의 공용 명칭
을 만들어냈다. 그뿐만 아니라 1791년에 《식물원The Botanic Garden》
을 발표하여 린네가 식물을 분류하고자 적용한 체계를 영국 제

도에 알린다.

찰스 다윈의 외가 쪽에서도 식물 과학계에서 가문의 영광을 높이는 데 공헌한다. 자신의 이름을 내건 유명 도자기 회사의 창업주인 조사이어 웨지우드Josiah Wedgwood의 아들이자 찰스의 외삼촌인 조사이어 웨지우드 2세는 지금도 여전히 최고의 권위를 자랑하며, 전 세계 원예업계에서 영향력 있는 학회인 왕립원예학회Royal Horticultural Society의 창립 멤버다. 말이 나왔으니 한 가지 더 이야기하자면, 찰스 다윈의 아버지 로버트Robert도 식물학을 직업으로 선택하지 않고 수입이 훨씬 더 좋은 의학을 선호했지만, 이 녹색 가문의 분위기를 거부하지 못하고 켄트Kent의 다운Down 지역에 매우 아름다운 다윈 가문의 정원을 건설한다.

그래도 이 집안에서 가장 유명한 인물은 두말할 것도 없이 찰스 다윈이다. 그가 만들어낸 엄청나게 광범위한 과학적 산물에는 식물 연구 분야에서 독보적인 위치를 차지하는 여섯 권의 책이 포함된다. 《난초 충매 수정(곤충을 매개로 한 식물 꽃의 수분 방법- 감수자)의 다양한 방식에 대하여(On the various contrivances by which orchids are fertilized by insects, 1862)》와 《덩굴식물의 운동과 형태(The movements and habits of climbing plants, 1865)》, 《식충식물(Insectivorous plants, 1875)》, 《식물계에서 타가수정과 자가수정의 영향(The Effects of Cross and Self Fertilization in the Vegetable Kingdom,

1876)》,《동일 종에 존재하는 다른 형태의 꽃(*Different Forms of Flowers in Plants of the Same Species*, 1877)》, 그리고 마지막으로《식물의 운동력(*The Power of Movement in Plants*, 1880)》이 그 여섯 권의 제목이다.

식물과 관련한 연구와 실험의 양이 엄청났는데도 찰스 다윈은 식물계에서의 자기 연구 능력을 과소평가해 단 한 번도 자신을 식물학자라고 정의한 적이 없다. 자신은 그저 '식물을 구별할 줄 아는 식물 애호가 중 한 사람'일 뿐이라고 생각하다가 프랑스 과학아카데미의 식물학과장으로 뽑혀 깜짝 놀라기도 했다. 찰스 다윈이 이런 태도를 보인 것은 그가 속한 사회계층이 말을 조심스럽게 하는 전형적인 영국인의 특성이 있어서일 수도 있고, 빅토리아 여왕 시대의 식물학에 대한 인식 때문일 수도 있다. 당시에는 식물학이 기본적으로 자연현상을 이해하는 데 아무런 상관이 없는 학문 분야로 여겨졌기 때문이다.

이렇듯 어린 찰스 다윈은 식물에 대한 사랑이 듬뿍 밴 환경에서 성장한다. 케임브리지대학 재학 시절에는 거의 모든 학업을 식물학에 집중했다. 3년 동안 존 스티븐스 헨슬로John Stevens Henslow 교수의 식물학 수업을 들었는데, 사람들에게 '헨슬로 교수와 함께 다니는 학생'이라고 알려질 만큼 총애받는 제자가 된다. 대학에 보관된 헨슬로 교수의 기록을 보면 찰스 다윈은 공부할 '기본자세가 잡힌' 소년이었다고 한다. 그러나 정작 식물학 분야에서 찰스 다윈의 역량은 영국산 쌍돛단배 비글호를 타고 떠난 5년 동안(1831~1836)의 여행에서만 드러난다.

영국으로 돌아오려고 태평양으로 들어가기 전, 다윈 원정대는 갈라파고스^{Galápagos} 군도에 잠시 배를 세운다. 그리고 이곳에 머무는 단 3주 동안 젊은 찰스 다윈은 이 섬들에 있는 방대한 종류의 식물 중 1/4을 수집하고 이에 대해 설명까지 곁들인다.

진화론의 초기 개념이 바로 식물의 관찰로부터 탄생한 것이었다. 찰스 다윈이 1859년도에 출간한 《종의 기원》에 실제로 식물계에서 얻은 수많은 예가 사용됐다. 그를 유명하게 한 진화론의 기본적인 증명들은 대부분 식물계의 관찰에서 비롯한 것이다. 찰스 다윈이 생명의 개념을 어떻게 혁신했는지 정말 알고 싶다면 이 점을 절대 간과하면 안 된다.

찰스 다윈은 식물의 재생에 관심을 두고 그 메커니즘을 오랫동안 연구하면서 단서를 얻기 시작해 진화적 재생이라는 결론을 얻었다. 말이 나왔으니 그 유명한 '다윈의 나비' 이야기를 떠올려 보면 흥미로울 듯하다. 중요한 부분만 간추려서 간단히 한 번 살펴보자.

어느 날, 마다가스카르에서 발견한 지 얼마 안 된 이국적인 난초의 꽃들이 배달된다. 학명이 '안그라에쿰 세스퀴페달레

Angraecum sesquipedale'라는 난초였는데, 이 식물의 가장 독특한 특징은 아주 긴 꿀샘, 즉 난초의 꿀이 생산되는 샘이 있다는 점이다. 찰스 다윈은 《곤충에 의해 수정되는 난초의 다양한 고안물과 이종교배의 긍정적 효과(*The Various Contrivances by which Orchids Are Fertilised by Insects and the Good Effects of Intercrossing*, 1862)》[1]에 이에 대한 내용을 수록한다.

> 베이트먼Bateman 씨가 보낸 수많은 꽃에서 29센티미터 길이의 꿀샘을 발견했다. 이 꿀샘의 아랫부분 단 4센티미터에만 매우 달콤한 꿀이 들어 있었다. … 그러나 놀랍게도 벌레 한 마리가 이 꿀샘에 도달할 수 있었다. 영국의 나방들은 거의 자기 몸길이만한 길이의 입이 있는데, 마다가스카르에는 입의 길이를 25센티미터에서 30센티미터까지 늘일 수 있는 나비들이 있는 모양이다.

그리고 이런 내용도 추가했다.

> 입이 매우 긴 거대한 나비가 개입하지 않으면 꽃가루는 밖으

---

1 난초가 곤충에 의해 수정되는 방법 역시 매우 다양하다.

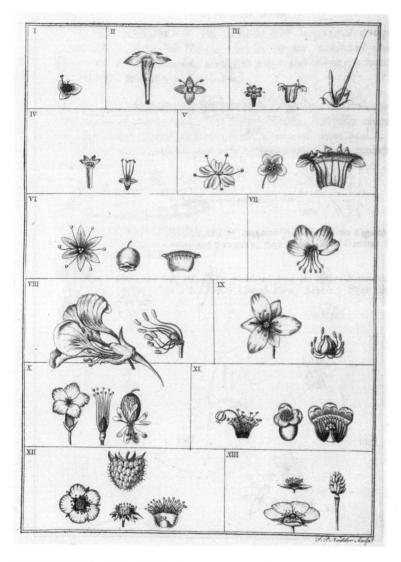

그림 49. 이래즈머스 다윈의 저서《식물원(1791)》에 수록된 꽃 모양

그림 50. 안그라에쿰 세스퀴페달레의 수분(그림: 앨프리드 러셀 월리스)

로 나올 방법이 없는 듯하다. 마다가스카르에 이 거대한 나비들이 오지 않는다면 안그라에쿰 역시 멸종하고 말 것이다.

찰스 다윈은 자연과학 분야에서는 한 번도 사용된 적이 없는 과학, 즉 예측하는 과학에 매진하기 시작한다. 천문학자가 만유인력의 법칙 덕분에 예측을 통해 이미 알려진 천체의 궤도나 아직 알지 못하는 천체의 존재를 연구할 수 있는 것처럼, 다윈도 진화의 법칙을 바탕으로(이 경우에는 이론이라는 용어를 붙이지 말아야 할 것 같다) 난초류에 꽃가루를 옮겨줄 미지의 곤충이 존재한다는 것을 예측한 것이다.

1867년, 다윈과 똑같은 예측의 개념이(천문학과의 유사성과도 관련이 있는 개념) 앨프리드 러셀 월리스에 의해 세상에 알려진다. 그는 "마다가스카르에 이러한 나비가 있다는 것을 확실히 예언할 수 있으며, 이 섬을 방문하는 자연과학자는 천문학자가 해왕성을 찾을 때와 똑같이 확신이 있을 것이고, 결국 원하는 것을 찾을 것이다."라고 기록한 바 있다.

거대한 나비 존재 이론은 40년이 넘게 맹렬한 비난과 조롱을 받았다. 그러던 1877년, 다윈은 이전 책의 속편을 쓰면서 이런 내용을 추가했다.

나의 믿음이 일부 곤충학자에게는 어리석게 보였겠지만, 이제는 고맙게도 프리츠 뮐러 덕분에 브라질 남부에 마른 상태에서 길이가 25~27센티미터 정도인, 거의 충분히 긴 입이 있는 나방이 있다는 것을 알게 됐다. 이 나방은 그것을 똑바로 펴지 않을 때는 최소 20바퀴 정도 나선형으로 몸에 휘감고 있다.

이후 41년이라는 긴 세월이 흐른 1903년이 되어서야 리오넬 발터 로스실트Lionel Walter Rothschild와 하인리히 에른스트 조르단 Heinrich Ernst Jordan, 두 독일 과학자가 안그라에쿰에 꽃가루를 옮기는 나비를 설명한다. 이들이 다룬 것은 산토판 모르가니 프라에딕타Xanthopan morgani praedicta라는 학명의 '예측된' 나비로, 이름 속에 다윈의 예상이 적중했다는 의미가 담겼다. 이 나비는 날개를 펼쳤을 때의 길이가 13~15센티미터고 매우 밝은 황토색(녹물색)에 길이가 25센티미터나 되는 거대한 입이 있다. 아주 오래 전 찰스 다윈이 상상했던 그대로의 모습이었다.

앞에서 이미 이야기한 것처럼, 식물의 관찰과 연구에서 얻은 사례들은 다윈의 진화론 연구와 그에 이은 '옹호' 과정에서 매우 중요한 역할을 한다. 다른 한편으로는 이러한 연구에서 비롯한 지식을 식물계에 확장하는 데도 정말 큰 공헌을 한다. 또 실질적 파급 효과도 상당했다. 식물의 교차수정의 발견을 예로 들어보

자. 요즘 우리에게는 특별하지 않지만 발견 당시에는 문자 그대로 진정한 혁명이었다. 다윈 이전에, 스웨덴의 의사이자 식물학자, 자연과학자인 린네가 이미 꽃들은 (대부분 꽃이 해당한다) 수컷과 암컷 모두, 즉 양성의 기관이 있다는 것을 증명한 바 있다. 그리고 바로 이 해부학적 연구가 린네 자신이 한 등급 분류 작업의 기초가 된다. 18세기 후반에는 자가수분이 꽃의 일반적인 수정 방법으로 여겨졌다. 그러나 다윈은 전혀 확신이 서지 않았다. 식물의 일반적인 수정 방식이 자가수분이라면, 무슨 이유로 꽃에 수컷과 암컷, 두 성의 기관이 모두 있는 걸까?

그림 51. 산토판 모르가니 프라에딕타, '모르간의 나방'이라 불리는 야행성 나비. 몸통이 길고 박각싯과(Sphingidae) 종에 속한다.

그림 52. 프랑스 잡지 〈작은 달(*La Petite Lune*)〉에 실린 풍자만화에서 '과학의 나무'에 매달린 원숭이로 묘사된 찰스 다윈(1878)

또 찰스 다윈은 이 부분에서 자신의 진화론에 큰 장애가 되는 요소를 발견하게 된다. 교차수정이 없다면 사실상 식물의 진화가 아주 느리거나 최악의 경우 아예 불가능할 수 있기 때문이다. 문제는 찰스 다윈이 《종의 기원》(1859년)을 출간한 직후부터 몇 년 동안 이 의문을 해결하는 데 매달려야 했다는 것이다. 그는 앵초의 형태(짧은 것과 긴 것)를 연구하는 것으로 문제를 풀기 시작했고, 서로 다른 형태의 식물들을 교차 교배할 경우(짧은 것×긴 것) 더 우량하게 자라고 더 많은 양의 씨앗을 생산한다는 것을 알아낸다. 처음으로 얻은 이 결과 덕분에 찰스 다윈은 그 유명한 '잡종 강세(hybrid vigor, 의미도 다윈이 정의했다)'[2]를 발견한다. 나중에 이 '잡종 강세'가 혁신을 일으키면서 정말 수많은 식물류 경작 방식의 효율성이 배가됐다. 그러나 찰스 다윈이 추구하던 기본 목적은 여전히 저 멀리에 있었다. '살아 있는 우월한 생명체들은 때때로 다른 개체와의 교차 교배가 필요하다'[3]는 점은 식물을 통해 확인해 봐도 전혀 명확하지 않았기 때문이다.

1793년 크리스티안 콘라트 슈프렝겔(Christian Konrad Sprengel,

---

2   잡종 제1대가 크기 · 내성 · 다산성 등 형질 면에서 양친 계통의 어느 쪽보다도 우세한 것-감수자(출처: 네이버 과학용어사전)
3   C. 다윈(1862), 《곤충에 의해 수정되는 난의 다양한 고안물과 이종교배의 긍정적 효과》, 런던.

독일의 식물·박물학자—역자)이 베를린에서 《꽃의 구조와 수정에서 밝혀진 자연의 비밀*Das entdeckte Geheimnis der Natur im Bau und in der Befruchtung der Blumen*》을 출간했는데, 이 책에서는 한 식물에서 다른 식물로 곤충이 꽃가루를 운반하는 방법(충매 수분)을 폭넓게 다루었다. 이 중요한 슈프렝겔의 연구는 당시 사람들에게 완전히 무시당했으며, 심지어 꽃에 성적인 기능을 하는 무엇인가가 있다는 생각이 외설스럽다는 비난까지 받아야 했다. 세상 사람들과 반대로 찰스 다윈은 슈프렝겔의 책이 '훌륭하다'라고 평가했다. 하지만 당시 사회는 우리가 보기에는 정말 이상한 곳이었다. 왜냐면 슈프렝겔이 곤충이 꽃가루의 이동과 관련한 기능이 있다는 것을 정확하게 예측했는데도 린네의 자가수분 개념을 여전히 신뢰해서 식물의 교차 수분에서 곤충이 얼마나 중요한지는 예상하지 못한 것이다.

하지만 다윈은 교차 수분에서 곤충의 중요성을 간과하지 않고 난초의 수분 체계 연구를 완성한다. 또한, 꽃이 곤충을 끌어들이고자 만든 다양한 형태와 색, 꿀, 향기를 비롯해, 꽃이 꽃가루를 효율적으로 이동시키려고 만들어낸 수많은 해부학적 구조가 시간이 흐르면서 진화한 교차수정을 안정화하는 '장치contrivance'라는 것도 깨닫는다.

이 발견 덕에 다윈은 한 번에 식물과 곤충, 두 가지의 공동 진화를 증명하고 진화론을 뒷받침하는 중요한 증거도 찾아낸다.

식물은 다윈이 창조론에 조금 더 효율적으로 도전할 수 있는 최고의 연구 소재를 제공했다. 결국, 시대적인 개념으로 보았을 때(사실 시대적인 개념은 우리와 그렇게 많이 다르지 않다) 식물에는 동물에서 볼 수 있는 것들이 하나도 없다. 식물은 정지해 있고 무감각하며, 동물과는 매우 거리가 있는 식물들만의 영역을 이룬다. 다윈은 식물에서 일어나는 진화를 연구할 때 동물이나 사람의 진화보다 감정적으로 끌리는 무엇인가가 부족하다는 것을 깨닫는다. 다윈에게 식물은 매우 진지하고 냉정하게 관찰해야 하는 분야였다. 그래서 식물학자 친구 아사 그레이에게 자신의 새로운 계획을 설명하려고 편지를 쓸 때도 군사 용어를 이용한 은유적 표현을 사용한다.

"난초에 관한 내 책이 적에 대한 '측면 공격'이었다는 것을 아무도 몰랐지."

다윈이 식물이 동물보다 덜 복잡한 것은 절대 아니라는 사실을 분명히 알았다는 것은 명백하다. "나는 언제나 식물을 살아 있는 생명체의 등급에 올려놓는 것을 좋아했다."라고 말하기도 했지만, 적어도 한 번은 식물의 가치를 낮출 필요가 있었을 듯하다.

식물의 습성에 대한 다윈의 탁월하고 다양한 발견을 이야기하면서 식물생리학과 관련한 무척 매력적인 그의 예측, 바로 '뿌리뇌의 이론'을 짧게나마 훑어보지 않을 수 없다. 어느덧 노인이 된 자연과학자 다윈은 임종(1882년)을 맞이하기 두 해 전, 아들 프랜시스의 도움을 받아 제목부터 혁신적인 《식물의 운동력》이라는 책을 출간한다. 식물학의 역사를 바꿔놓을 운명의 책이었다. 다윈의 책이 모두 그렇듯, 이 책에서도 끝부분에서 그가 얻은 위대한 과학적 결론을 집중적으로 설명한다.

> 이런 과장된 이야기는 꺼내기가 어렵지만, 식물의 뿌리 끝에는 '감각'이 있고 자신이 놓인 자리의 이동을 관리할 능력이 있다. 하등동물의 뇌와 같이 작용하는 것이다. 뇌는 몸의 윗부분에 위치해 감각기관들로부터 느낌을 전달받고 다양한 움직임을 관리한다.

500쪽 이상의 지면에 식물의 이동에 관한 놀라운 가능성의 예를 수없이 기록했는데, 이 중 최소 3/4은 뿌리의 이동에 관한 설명이었다. 다윈은 이렇듯 자세한 설명을 한 후에 벌레를 비롯한 다른 하등동물의 뇌와 식물의 뿌리 끝의 기능이 큰 차이가 없다는 결론을 내린다. 그리고 마지막 장에서, 뿌리 끝부분의 탁월한 감지 능력을 수없이 되새긴 후에야 인상적인 마무리를 짓는다.

우리는 식물의 뿌리 끝부분에 그 기능과 관련한 그다지 특별한 구조는 없다고 생각한다. 그러나 식물은 이 끝부분이 살짝 눌리거나 타거나 잘리면, 위에 있는 부분들에 그 영향력을 전달해 충격받은 부분으로부터 멀어지도록 휘어지게 한다. … 뿌리 끝에서 공기 중의 습도가 한쪽은 높고 다른 한쪽은 낮다는 것을 감지하면 이 영향력을 윗부분에 전달하고, 이 윗부분들은 습기의 원천 쪽으로 구부러진다. 빛이 뿌리 끝에 닿으면 … 윗부분들이 빛에서 멀어지지만, 중력의 영향이 있으면 영향받은 부분들이 중력의 중심을 향해 구부러진다.

그렇게 다윈은 뿌리 끝이 다양한 변수를 인지할 수 있는 정교한 감각기관이라는 것을 발견한다. 그뿐이 아니다. 그는 뿌리 끝이 외부 자극에 민감하다는 것을 발견한 후 그 끝부분에서 뿌리에서 먼 부분들의 운동을 유도하는 신호가 생성된다는 의견을 제시한다. 그 외에 뿌리 끝을 외과 수술처럼 절단했을 때, 뿌리가 대부분 감각 능력을 상실해 중력을 인지하거나 땅의 밀도를 감지하지 못하는 상태에 놓이게 되는 것을 관찰한다. 다시 말해 다윈은 이 책을 통해 뿌리의 능력에 대한 확실한 가설을 세우고 뿌리가 가진 '식물 전체 생명에서의 중요성'을 생리학적으로 연구하기 시작한다.[4]

그림 53. 다윈의 비글호 여행을 선전하는 분위기의 책에 실린, 원산지가 오스트레일리아인 유칼립투스 나무

식물이 머리를 땅에 묻고 물구나무선 사람과 같다는 다윈의 흥미로운 발상은 그리스철학의 개념과 관련이 있다. 식물에서 가장 중요한 부분, 즉 식물의 진정한 통제 센터는 땅 속에서 찾을 수 있고('전면부에 있는 뇌'), 식물의 지상부는 다른 모든 생명이 있는 유기체들처럼 성적 기관(꽃)과 배설기관(잎)을 수용하기 위한 후생 결정체에 지나지 않는다. 이전에 그랬던 것처럼 다윈의 의견은 사람들의 호응을 전혀 얻지 못한다. 독일 식물학자들의 이의 제기가 가장 맹렬했고, 그중에서 특히 율리우스 작스의 반대가 유독 심했다. 하지만 다윈은 이런 상황도 미리 다 예상했었다.

> 나는 지금 아들 프랜시스와 함께 식물의 운동을 매우 광범위하게 다룬 책을 준비한다. 이 책을 통해 수많은 새로운 정보와 발상을 전달할 수 있으리라 생각한다. 그러나 우리의 관점이 독일에서 거대한 반대에 부딪힐 것 같다.

그런데 독일 식물학자들은 과학적으로 확실한 동기를 바탕으로 하는 것이 아니라 하찮은 이유 때문에 다윈의 주장을 반대하는 것 같았다. 특히 저명한 식물학자 작스가 다윈 측에서 부당

---

4   C. 다윈·F. 다윈(1880), 《식물의 운동력》, 런던.

하게 자신의 영역을 침범했다고 판단하자 다들 불쾌감을 느낀 것이다. 실제로 작스는 식물의 운동생리학에 관한 책과 과학 논문을 수차례 발표한 상태인지라 영국 자연과학자 다윈을 그저 '집에서 실험하는a countryhouse experimenter' 아마추어로 봤다. 다윈의 연구 결과들은 당연히 작스 같은 식물생리학자의 우수한 연구와 비교할 수 없었다. 작스는 자신의 조수 에밀 데트레프센Emil Detlefsen에게 다윈의 실험들을 다시 재현해보라고 하고, 특히 뿌리골무(radical cap, 뿌리 끝의 가장 바깥 부분)를 제거한 후 뿌리의 상태를 주의 깊게 관찰하라고 한다.

에밀의 실험은 엉망으로 진행된다. 작스의 연구소에서 신경을 덜 쓴 탓일 수도 있지만, 어쨌든 실험 결과는 다윈의 실험 결과와 완전히 다르게 나타났다. 작스는 조수 에밀이 진행한 실험의 결론을 듣자마자 다윈이 '아마추어'같이 실험해서 잘못된 결론을 얻었다며 비난했다. 물론 잘못된 방법으로 실험한 것은 작스였고(정확히 말하면 작스의 조수), 작스 자신도 나중에 이를 확인한다. 얼마 후 한때 작스의 제자였다가 유명 식물학자가 된 빌헬름 페퍼Wilhelm Pfeffer가 직접 실험해보고 다윈과 똑같은 결과를 얻어, 자신의 책《식물생리학 안내서Handbuch der Pflanzenphysiologie》에서 이 실험의 중요성을 언급한다. 그러자 여전히 기가 꺾이지 않은 작스가 이 책을 두고 '소화되지 않은 것들이 쌓인 더미'일 뿐이라고 일축한다.

현재는 뿌리 끝부분에 대한 연구가 다윈이 상상한 것보다 더 진보해서, 이 부분이 주변 환경에서 영향을 끼치는 물리·화학적 변수를 열다섯 개까지 인지할 수 있다는 것까지 알아냈다. 이 열다섯 가지 변수는 중력과 빛, 습도, 압력뿐 아니라 산소와 이산화탄소, 일산화질소, 에틸렌, 중금속, 알루미늄을 비롯한 수많은 화학 성분과 염분 등이다.

다윈은 케임브리지대학 시절부터 시작해 수십 년간 연구를 계속하면서 한 번도 식물을 향한 열렬한 애정을 잃은 적이 없었다. 그는 이 매력적인 창조물 속에서 진화론의 증거를 찾으려 했고, 1882년 4월 19일 생을 마감하는 날까지 식물에 대한 관심을 이어갔다. 임종을 맞이하기 아흐레 전에 쓴 마지막 편지[5]에도 역시 식물에 대한 내용이 적혀 있었다.

---

5   <찰스 다윈의 마지막 편지일까?(*Charles Darwin's last letter?*)>(1945), 《캔자스과학 아카데미의 거래(*Transactions of the Kansas Academy of Science*)》 48, 317~318쪽.

그림 54. 요한 볼프강 폰 괴테

다윈보다 앞섰던
진화론의 선구자

요한 볼프강 폰 괴테(Johann Wolfgang von Goethe, 1749~1832)

일반적인 견지에서 과학과 시는 인간의 고귀한 사고 활동이라는 점은 비슷하지만, 서로 완전히 반대되는 것으로 생각하는 사람이 많다. 객관적·분석적이고 정확한 양을 따지는 과학은 정체성 자체가 회복 불가능할 정도로 변질하지 않는 한, 시의 자유로운 창조와 환상적인 특성에 전혀 동조할 수 없기 때문이다.

그런데 이 문제는 그렇게 간단하지가 않다. 일단 과학과 시, 양쪽 모두 유효하지는 않은 것 같다. 조금 더 자세히 이야기해보자. 학자는 부분적으로 시인도 될 수 있다(실제로 창작력(시 창작력)만 있으면 자연의 창조 과정을 상상할 수 있다). 그러나 시인은 현실에 대한 자유분방하고 주관적인 관점이 있어 일반적으로 과학 연구에는 부적당하다고 여긴다. 그래서 물리학자들은 베르너 하이젠

베르크(Werner Heisenberg, 독일의 이론물리학자-역자, 출처 : 두산백과)의 기량을 두고 진정 위대한 과학자가 될 수 없으면 시인도 될 수 없다고 단언한다. 또 다른 한편으로, 계몽주의가 나온 후로 아무 시인이나 과학에 관한 글을 쓰는 모험을 하는데, 이런 시인은 그저 여가를 즐기는 아마추어일 뿐이며 과학계에서 그에게 경멸의 시선을 보내기에 충분하다고 했다. 하지만 과학계에 지대한 공헌을 해 이런 편견을 비웃음거리로 만든 시인이 있었다. 바로 요한 볼프강 폰 괴테의 이야기다.

19세기 초, 괴테(1749년 8월 28일 프랑크푸르트암마인Frankfurt am Main 출생, 1832년 3월 22일 바이마르Weimar 사망)는 자신을 '시인으로 조금 알려진 중년 남자'라며 겸손하게 소개했다. 그러나 그는 당시에 활동 중인 가장 유명한 예술가였다. 죽기 직전인 1831년도에 그는 1817년에 초판이 나온, 자신의 식물학 연구에 관한 이야기를 소재로 한 에세이를 재집필하는 데 열중했다. 그런데 이 에세이의 기본 명제는 전혀 겸손하지 않았다. 실제로 괴테는 자신의 식물학 연구가 과학의 역사를 바꿔놓았다고 주장했다. 대체 무엇에 관한 연구고, 괴테는 왜 그렇게 오만하리만치 자신의 연구가 대단하다고 확신했던 걸까? 처음부터 시작해보자.

과학에 대한 괴테의 사랑은 일찍부터 시작된다. 그는 열다섯 살이 되자마자 라이프치히와 스트라스부르에서 법학부 수업을 수강했고, 스트라스부르에서는 법학이나 인문주의 수업과 과학에 관련한 여러 수업을 번갈아가며 들었다. 특히 해부학과 물리학·화학·지질학 수업에 열심히 출석했고, 그 좋아하던 식물학 수업도 빠트리지 않았다. 그는 린네의 주요 저서 몇 권(《식물학의 기초(*Fundamenta botanica*, 1736)》, 《식물 철학(*Philosophia botanica*, 1751)》, 《식물의 기본 요소(*Termini botanici*, 1762)》)을 공부하고 "셰익스피어와 스피노자 외에 내게 큰 영향을 끼친 작가는 린네라는 것을 고백한다."라고 밝힐 만큼 깊은 감명을 받는다.

1786년 괴테는 처음으로 이탈리아로 여행을 떠나고, 그곳에서 2년을 머물면서 예술과 고대를 공부하지만 식물에 대한 애정은 전혀 식지 않는다. 그는 원식물(原植物, Urpflanze, 괴테가 만든 추상적인 단어로 종자식물의 원형이 되는 식물을 가리킨다-편집자)을 찾으려고 파도바에서 시칠리아 섬의 팔레르모까지 유명하다는 이탈리아 식물원을 뒤지고 다닌다. 원식물은 다른 모든 식물의 기원이다. 괴테는 1787년 4월 팔레르모식물원을 거닐던 중 이런 말을 한다. "이 식물들은 화병이나 우리처럼 유리 밑에서 자라는 것이 아니라 자기 타고난 운명에 만족하며 야외에서 자유롭게 자랄 수도 있다." 그리고 이런 의문이 생긴다. "이 무리 중에 그 원시 식물이 있을까? 당연히 하나 정도는 있겠지. 안 그러면 이런 형태, 혹은 저런 형태가 모두 동일한 기본 식물을 표본으로 만들어졌다는 것을 내가 알 리가 없잖아?"

괴테는 들판에서 수확한 표본들을 수집했다. 어느 날 밤에는 여관방에서 아칸서스(*Acanthus*, 쥐꼬리망촛과의 여러해살이풀이나 여러해살이 관목-편집자)를 넣은 캡슐 몇 개가 터져 잠이 깬 적도 있다고 한다. 캡슐을 모아 상자에 넣어뒀는데 방 안의 건조한 공기 속에서 아칸서스가 성숙해 캡슐이 폭발하면서 사방에 씨앗이 흩뿌려졌다. 괴테에게 이탈리아 여행은 위대한 예술과 직접 접촉할 기회였을 뿐 아니라, 이를 통해 남부의 뜨거운 기후 속에서 맨눈으로도 식물을 볼 수 있었기에 더없이 소중했다. "집에서는 현미경을 사용해도 추측만 할 수 있던 수많은 것을 여기서는 맨눈으로 확실하게 볼 수 있다."

1790년 독일에 돌아온 괴테는 《식물 변태론*Der Versuch die Metamorphose der Pflanzen zu erklären*》이라는 제목의 소책자를 출간한다. 이 책은 과학계에서 그다지 관심을 끌지 못했다. 이유를 따져보자면, 과학이 점점 전문가의 영역이 되어가는 시점에 학계에서 권위가 충분치 않은 작가가 쓴 것이라 그렇기도 했고, 책에 수록된 내용이 과학적으로 전혀 중요치 않다고 여겨졌기 때문이다. 책의 내용은 근거 없는 평론이었고, 문체가 수사학적이거나 문학적이지도 않았다. 특별한 상황이나 주관적인 경험에 대한 언급도 전혀 없었다. 대신 괴테는 단순하고 평이한 문체를 사용

그림 55. 캔버스에 유화, 요한 티슈바인(Johann H. W. Tischbein)이 그린, 로마 시골에 있는 괴테의 초상

하고 아주 가끔 당시 식물학 연구에 참여하는, 중립적인 과학 관찰자의 분위기를 택했다.

그러나 명확한 것은 《식물 변태론》을 식물학 역사의 이정표로 만든 것은 책 속에 담긴 원리라는 점이다. 기본적인 개념은 식물이 일련의 해부학적 요소들로 구성되며, 이 요소들은 하나의 원시 요소로 되돌아갈 수도 있고, 새로운 변화 과정을 거쳐(정확히 '변태') 수많은 다양한 식물 구조를 발생시킬 수도 있다는 것이다. 이와 관련한 괴테의 주장을 살펴보자.

> 식물, 혹은 나무는 서로 별개인 것처럼 보이지만 사실은 자기들끼리 전체적으로 서로 동일하거나 비슷한 부분들로 구성되며, 이것은 의심할 여지가 없다. 얼마나 많은 식물이 분파를 통해 증식하는지만 생각해봐도 알 것이다.

괴테의 견지에서 이 초기 요소는 잎에서 찾을 수 있다(모두 잎이다Alles ist Blatt). 하나의 잎에서 변태가 이루어져 꽃잎과 꽃받침, 수술과 씨방, 가지와 기타 다양한 모든 꽃의 구조가 새로 만들어진다. 이 천재적인 직관은 다음 세기에 대부분 확인되고, 식물학 역사에서 수차례 다양한 환경에서 재조명된다.

괴테는 식물뿐 아니라 살아 있는 모든 형태를 연구했으나,

그림 56. 형태학 연구와 관련한 괴테의 메모(1817)

식물 전문가가 지녀야 할 안목으로 연속적인 변화를 통해 유기체가 완전체가 되는 기본 형식을 설명할 수 없게 되면서 연구를 중단한다. 누군가는 이것을 두고 철학적 사색이라고 말하기도 했지만, 그렇지 않다. 분명 진정한 과학적 해부학 비교 이론으로, 괴테가 '형태학'이라는 행운의 이름까지 지어준다. 괴테의 개념 속에서 이 학문은 예술가적 경험과 긴밀한 관계에 있는데, 함축된 순간의 탐구를 통해서만 예술의 전형이 될 수 있다. 즉, 탐구자가 더는 분할이나 분해를 하지 않고 전체적인 목표를 추구하는 예술만이 진정한 형태학이라 할 수 있다. "따라서 예술과 과학, 철학을 만드는 과정에서 우리가 형태학이라 부르고자 하는 학문을 창조하고 발전시키려는 다양한 시도를 찾아볼 수 있다."

형태학은 살아 있는 동식물 유기체의 표현형(phenotypic, 유전자와 환경의 영향에 의해 형성된 생물의 형질-역자) 특성을 연구하는 학문이며, 대상에 따른 기본 구조가 있어 해당 대상이 그에 따라 구성된다. 또한, 이 구조들 사이의 관계를 바탕으로 서로 다른 종을 비교해 분류나 계통을 나누는 데 유용한 요소를 얻을 수 있다. 이러한 형태학적 방법이 얼마나 유용한지는 금방 명백하게 드러났다. 괴테는 형태학적 비교를 통해 세 가지 중요한 과학적 발견을 이루었다. 첫 번째는 꽃에서 상이한 구조의 잎을 틔우는 기원, 두 번째는 척추의 변형으로 인한 두개골의 기원, 그리고 마지막 세 번째는 인간의 두개골 내에서 위턱뼈 사이에 뼈가 존재한다는 것이다. 이 뼈는 정확히 두개골과 두 번째 앞니 사이에 있는 봉합(뼈와 뼈 사이의 좁은 틈을 섬유성 결합 조직으로 연결하는 것-역자, 출처: 네이버 간호학 대사전)으로 공식적으로 '괴테 앞니 봉합'이라 명명됐다.

괴테의 전체적인 과학적 활동에서 드러나는 기본 개념은 생명을 조직하는 단 하나의 설계도가 존재하며, 생명체의 모든 구조와 기능이 한 가지 기본 도면을 변화시킨 것처럼 나타날 수 있다는 것이다. 살아 있는 유기체는 모두 동일한 기본 물질(원형질)로 구성되며, 모두 세포로 이루어져 있고(생명의 기본 요소가 세포라는 세포 이론), 이 세포들의 구조는 언제나 동일하고 그 기능은 본질적으로 동물과 식물이 똑같다. 《성장과 형태on Growth and Form》의 저자이자 스코틀랜드의 자연과학자 톰프슨 다르시Thompson D'Arcy는 이에 관해 이런 글을 쓴 바 있다.

이 생물학자는 철학자처럼 모든 것이 단순하게 부분들의 합은 아니라는 것을 깨닫는다. 유기체는 그보다 훨씬 더 복잡하다. 유기체는 부분들을 한데 묶은 집합이 아니라 상호적 관계에 놓인 부분들의 조직이다. 한 부분이 아리스토텔레스가 '일치하는 불가분적 법칙의 개체'라 부르던 다른 부분과 결부되는

것이다. 이것은 단순한 형이상학의 개념이 아니라 생물학에서
괴테가 말한 보상의 법칙을 … 바탕으로 하는 개념이다.

괴테는 변환, 즉 기본 모델에서 끝없는 변화를 일으킬 수 있
는 변태에 지대한 관심을 두었고, 그 관심 덕분에 선구주의 진화
론의 개념을 탄생시킨다. 그런데 사람들은 대부분 다윈을 진화
의 선지자라고 평가했는데, 니체는 이를 두고 분노를 감추지 못
하고 "다윈을 괴테 옆에 둔다는 것은 왕권을, 천재의 위엄을 건
드리는 것이다."라는 글을 쓰기도 했다.

어쨌든 다른 과학 분야에서도 그렇지만 괴테가 식물학에 남
긴 유산은 정말 엄청나다. 이에 우리는 조지 엘리엇(George Eliot,
영국의 여류 소설가—역자)이 그에 대해 언급한 글에 동의하지 않을
수 없다.

'괴테는 땅 위를 걷는 마지막 보편인Universal man이었다.'

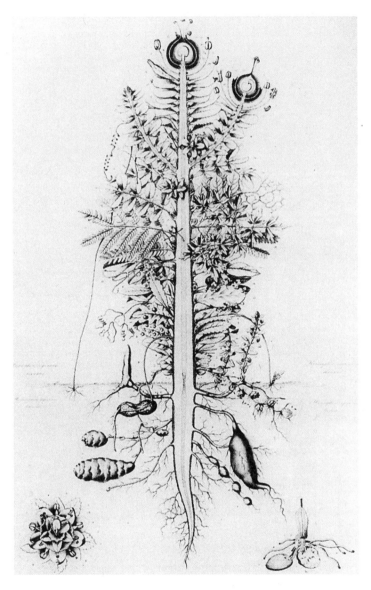

그림 57. 피에르 장 프랑수아 튀르펭(Pierre Jean François Turpin)의 목판화 속에 담긴 원형 식물의 모습

그림 58. 장 자크 루소

식물의 매력에 빠져
식물학을 대중화한 사상가

장 자크 루소(Jean-Jacques Rousseau, 1712~1778)

약 300년 전 1712년 6월 28일, 제네바에서 18세기 유럽에서 가장 위대한 사상가 중 한 사람으로 꼽히는 장 자크 루소가 태어났다. 그의 정치적·사회적·철학적 업적은 프랑스 혁명 주도자들에게 영감을 불어넣었고 낭만주의 세대에도 깊은 영향을 끼쳤다.

끊임없는 이동과 사고, 싸움, 좌절해야 했던 사랑, 수많은 직업을 거쳐 온 루소의 삶은 우리가 예술가의 삶이라고 생각하는 삶의 이미지와 딱 맞는다. 어머니 수잔 베르나르Suzanne Bernard는 출산 후 며칠 지나지 않아 산욕열로 사망하고, 작은 시계방을 하던 칼뱅주의자 아버지 아이작Isaac은 장 자크 루소가 고작 열 살일 때 싸움을 하다가 구설에 올라 제네바를 떠난다. 이때 아버지가 루소를 외삼촌에게 맡기지만 외삼촌도 보세이Bossey 목사의 집에

하숙하게 한다. 루소는 이곳에서 최소한의 공교육만 받는다.

1724년, 열두 살이 된 장 자크 루소는 제네바로 돌아와 외삼촌의 집에서 지내면서 수습생으로 일하기 시작해 처음에는 공증인, 그 다음에는 조각가 밑으로 들어간다. 1728년 열여섯 살의 어느 날, 소풍을 갔다가 돌아온 루소는 도시로 들어가는 성문이 닫혀버린 것을 보고 고향을 떠나기로 하고 끝없는 방랑을 시작한다. 처음에는 프랑수아즈 루이즈 드 바랑Madame Françoise-Louise de Warens이 있는 안시Annecy로 향한다. 1728년부터 1731년까지 루소는 구봉Gouvon에서 하인으로 일하다가 안시로 돌아왔다. 그러나 얼마 후 다시 방랑 생활을 시작해 니옹Nyon에서 프리부르Friburgo, 로잔Losanna, 브베Vevey를 떠돌다가 뇌샤텔Neuchâtel에서 음악 교습을 한다. 부드리Boudry에서는 가짜 수도원장의 통역 노릇을 했는데, 이 자가 사기꾼이라는 것을 알기 전까지 프리부르와 베른Bern, 솔뢰르soleure까지 함께 돌아다닌다. 파리에서 교사로 일하다가 리옹Lione으로 이동하고, 좋은 기회가 닿아서 샹베리Chambery에서 살면서 다시 한 번 바랑 부인의 보호를 받는데, 두 사람은 연인 관계로 발전한다. 그리고 이곳에서 1732년부터 음악 강사이자 행정 감독관으로 일하기 시작한다. 이렇게 많은 방황과 사건을 겪었는데도 그는 아직 스무 살이 채 되지 않았었다!

그림 59. 제네바의 몰라르 광장(Place du Molard) 풍경. 크리스티안 고트프리트 가이슬러(Christian Gottfried Geissler)의 수채화(1794)

이후 40년 동안 그의 음악은 변하지 않았고 이동의 리듬도 1777년까지 한결같이 유지된다. 그는 에름농빌Ermenonville에 있는 충직한 친구 르네 루이 드 지라르댕René-Louis de Girardin 후작의 집에서 거주한다. 그리고 이곳에서, 1778년 7월 2일 오전 11시경 산책을 다녀오는 길에 숨을 거둔다. 사인은 심장마비로 추정된다.

루소가 식물학 공부를 시작한 것은 모국인 스위스에서 한참 떠돌던 1760년도인데, 식물학자 친구 장앙투안 디베르누와Jean-Antoine d'Ivernois와의 친분 때문이었다. 이 친구로부터 린네가 1735년도에 쓴 저서 《자연계Systema Naturae》에 처음으로 선보인 새로운 식물 구분 체계를 알게 된다. 루소는 먼 대륙을 탐험하거나 식물도감에 정리된 식물을 채집으로 구해서 연구하는 일에 금방 매료됐다. 이후 루소 자신이 식물 채집 파견단이 되어 혼자서도 자주 스위스와 영국, 프랑스에 가서 도감 자료를 수집하고 수백여 개 종에 대한 설명을 상세하게 기록한다. 이제 식물학이 루소의 인생에 가장 큰 기쁨이 된 것이다. 그가 1765년에 쓴 글을 한번 살펴보자.

나는 식물학에 미쳤다. 하루하루 더 심하게 미쳐간다. 이제 내 머리에는 밀짚만 있는 것이 아니다. 나 자신이 어느 날 아침에 식물이 될 것이다. 나는 이미 모티에르Motiers에 뿌리를 내리고 있다.[1]

루소는 《고독한 산책자의 몽상 *Les Rêveries du promeneur solitaire*》에 식물 연구가 주는 즐거움을 기록했다.

식물학은 어느 정도 고독하고 게으른 사람에게 적당한 학문이다. 지팡이와 확대경 하나가 식물을 관찰할 때 필요한 장비의 전부다. 떠돌아다니면서 이 식물에서 저 식물로 자유롭게 옮겨 다니고, 온갖 꽃을 흥미와 호기심을 가지고 살펴본다. 그리고 식물 구조의 법칙을 알아내기 시작하면 식물을 바라볼 때 마치 그것을 알아내고자 큰 고통이라도 겪은 것처럼 매우 강렬한 기쁨을 느낀다. 이 한가로운 작업에는 우리가 열정에서 완전히 벗어나 차분할 때만 인지할 수 있는 매력이 있으나, 그때는 그 매력만으로도 인생이 충분히 행복하고 달콤해진다.[2]

1771년부터 1774년까지 루소는 지인인 마들렌 카트린 드레세르Madeleine-Catherine Delessert의 딸 마들롱 드레세르Madelon Delessert를 가르치려고 깜짝 놀랄 식물학 강의를 준비한다. 딸을 위한 식물 안내서만 부탁했던 드레세르 부인은 루소로부터 식물해부학

---

1 루소가 프랑스와 앙리 디베르누아(François-Henri d'Ivernois)에게 보낸 편지, 1765년 8월 1일.
2 《고독한 산책자의 몽상》, 1776~1778.

개론서를 받는다. 여기에는 같은 과에 속하는 꽃식물 여섯 가지의 유사성과 차이점을 비롯해 식물표본을 제대로 만들기 위한 모든 지침, 그리고 루소가 직접 마들롱을 위해 168종류의 식물을 모아 만든 멋진 식물도감이 들어 있었다.[3]

1784년 루소가 사망한 후 출간되어 수많은 언어로 번역된 《식물학 기초에 관한 편지Lettres élémentaires sur la botanique》는 진정한 문학 같았고, 실제로 최초의 식물학 선전 책자가 된다. 이 책에서 여섯 과의 식물은 전문용어를 사용하지 않고 간단하고 모두 이해하기 쉬운 표현으로 설명되어 있다. 꿀풀과Labiatae와 현삼과 Scrophulariaceae, 두 과를 설명한 편지를 예로 들어보겠다.

꽃잎이 하나인 불규칙한 식물 중에서 생김새가 매우 눈에 띄어 겉모습만으로 그 구성원을 쉽게 구분할 수 있는 과科가 있다. 이 꽃들은 입구가 두 개의 입술로 나뉘어 있어서 얼굴에 비유해 이름을 지었는데, 이 입구가 자연스럽게 벌어질 때도 그렇고 손가락으로 살짝 건드려 벌려 주면 입을 쩍 벌린 것같이 보인다. 이 식물 과科는 두 가지 자손으로 나뉜다. 그중 하나는 라브라티labbrati, 혹은 라비아테(labiate, 꿀풀과)라는 것이고,

---

3   이 식물도감은 프랑스 몽모랑시(Montmorency) 루소박물관에 보관돼 있다.

다른 하나는 마스케라티mascherati, 가면 속의 꽃, 혹은 페르소나테(personate, 현삼과)인데, 라틴어로 페르소나persona가 가면 maschera을 의미한다. 물론 '페르소나'는 사람의 이름이 붙는 대부분 명칭에 매우 훨씬 더 걸맞다. 이 과의 모든 식물의 공통적인 특징은 꽃잎이 하나인 화관이 있고, 방금 말한 것처럼 투구라고 불리는 윗입술과 수염이라 불리는 아랫입술, 두 입술로 나뉜다는 점 외에 네 개의 수술이 긴 것들은 긴 것들끼리, 짧은 것들은 짧은 것들끼리 두 짝을 이루는데 각각이 거의 동일한 수준이라는 것이다. 그 어떤 설명을 듣는 것보다 여러분이 직접 이런 식물을 봐야 훨씬 더 잘 이해할 수 있을 것이다.[4]

이번에는 산형과Apiaceae에 관한 설명을 살펴보자.

상당히 곧은 편인 긴 줄기를 상상해보자. 이 줄기에 일반적인, 상당히 미세한 무늬가 있는 잎들이 교차하여 붙어 있고, 이 잎들의 밑부분 잎겨드랑이에서 작은 가지가 자란다. 이 줄기의 제일 꼭대기에서는 한 중심점에서 시작해 작은 꽃자루(소화경), 혹은 방사상 조직이 우산살처럼 원형으로 규칙적으로 펴

---

4   드레세르에게 보낸 루소의 편지, 1772년 6월 19일.

져 나간다. … 이 방사상 조직, 혹은 꽃자루는 그 끝이 꽃과 만나는 것이 아니라 다른 중심점을 기준으로 퍼져 있는 방사상 조직의 모임, 예를 들면 줄기를 둘러싼 방사상 조직의 첫 번째 꽃부리(화관)를 중심으로 퍼져 있는 꽃부리들과 만나 끝이 난다. 말하자면 줄기의 끝에 있는 커다란 방사상 조직들의 집합과 그와 비슷한 커다란 방사상 조직들의 끝에 있는 작은 방사상 조직들의 집합, 두 가지가 있는 것이다. 작은 우산형 방사상 조직들은 더는 나뉠 수 없지만 각각의 조직이 작은 꽃의 꽃자루를 나타낸다. 이 꽃자루에 대해서는 나중에 적절한 때에 이야기할 것이다. 방금 설명한 형태의 개념을 상상할 수 있다면, 산형과 혹은 (불어로) 포르테파라솔Porteparasol 과에 속하는 꽃의 특성을 분명히 이해한 것이다.[5]

루소의 글은 전문용어를 동원하지 않아 금방 이해할 수 있다는 점에서 당시 식물학 학술서들과 비교하면 거의 혁명적이었다. 루소의 편지 덕분에 식물학이 처음으로 대중이 접근할 수 있는 학문이 됐다. 루소의《편지》는 괴테를 포함한 다양한 세대의 수많은 식물학자가 식물의 세계와 접촉하게 한 책이다. 드레세르

---

5   드레세르에게 보낸 루소의 편지, 1972년 7월 16일.

부인의 아들 뱅자맹 드레세르Benjamin Delessert도 루소의 편지에 영향을 받아 방대한 식물표본을 함께 만든다. 이 표본은 지금까지도 제네바식물원의 대표 도감으로 여겨진다.

루소가 식물학에 끼친 영향력은 끝이 없지만, 특히 정원 조경과 같이 다소 거리가 있는 분야에까지 확장된다. 루소가 《쥘리 혹은 신新엘로이즈Julie ou la nouvelle Héloïse》에서 설명한 엘리시움Elysium의 모습은 새로운 에덴동산과 같은 이상적인 정원을 나타낸다. 이 책에서 작가는 비대칭과 곡선, 자연스러운 외형 등 자신의 원칙에 부합하는 영국식·중국식 정원의 원칙들만 수용한다. 엘리시움이 영국풍이라는 말이 자주 나오기는 하지만, 사실상 루소는 고가의 설비와 건축예술의 '광기', 토착 식물로만 꾸며 정원의 유지력을 낮추는 토양의 변형 등을 거부하고 집요하게 자연에 집착하는 자신만의 양식을 발전시킨 것이다. 실제로 작가는 엘리시움을 이렇게 설명한다.

이곳은 매력적이다. 정말 그렇기는 하지만 소박하고 야생적이다. 여기는 인간이 손을 댄 흔적이 전혀 보이지 않는다. 문이 잠겨 있다. 물이 어떻게 흘러들어 오는지 모르겠다. 자연이 스스로 나머지를 만든 것이라 당신은 이런 비슷한 것은 단 하나도 절대 만들 수 없을 것이다. … 이국적인 식물이나 인도에서

온 상품은 보지 못했지만, 명랑하고 유쾌한 효과를 낼 수 있도록 가지런히 조합한 지역 식물은 보았다. 저쪽에서 수백만 송이의 야생화가 반짝이는데, 그 속에서 정원의 다양성이 너무 보이지 않아 당황스러웠다. 이리저리 둘러봐도 그 어떤 순서도, 균형도 없이 장미와 산딸기, 라일락, 개암나무, 딱총나무, 골담초(콩과 식물), 토끼풀이 펼쳐져 있었다.[6]

영국 정원과 달리 엘리시움은 폐쇄적이고 세상에서 벗어난 피난처를 상징한다. 중요한 것은 정원에 대한 루소의 개념이 작가로서 살아남았는데, 《쥘리 혹은 신 엘로이즈》에서 엘리시움을 설명하는 말에서만이 아니라 에름농빌 공원을 실제로 제작할 때도 되살아났다는 점이다. 루소는 1778년 이 공원에 안장되기도 한다. 그가 매장된 장소인 '포플러의 섬Ile des Peupliers'은 폐쇄된 공간, 《신 엘로이즈》부터 《고독한 산책자의 몽상》에 이르기까지 수많은 루소의 작품에서 언급된 소망의 장소인 '섬'이다.

이 공원은 루소의 절친한 친구인 지라르댕 후작이 《풍경 구성에 관하여(De la composition du paysage, 1777)》에 기록한 공원 기획에 관한 아이디어를 바탕으로 지었다. 이 책에서 루소는 고전

---

6   J. J. 루소, 《쥘리 혹은 신 엘로이즈》(1761).

그림 60. 장 자크 루소의 《완성작(*Euvres complètes*)》 전집 중 에름농빌에서 철학자가 어린아이에게 정원 가꾸기의 기초를 가르치는 장면

적인 프랑스풍이나 영국식 정원 양식에 반대했고, 지라르댕 후작은 이국적인 스타일보다 지역 색이 묻어나는 소박한 양식을 선호했다.

루소가 자신이 죽고 16년이 지난 후 자신의 유해를 파리의 판테온에 이장한 것을 알게 된다면 무슨 생각을 할지 의문스럽다.

루소는 생을 마감하기 전 몇 년 동안, 지금은 그와 몇 미터 떨어지지 않은 곳에서 영면을 취하는 볼테르Voltaire를 필두로, 자신을 모략하는 사람들을 피해 자연에 대한 연구와 명상에 빠져 살았다. 식물 관찰은 은둔 상태에 있는 루소에게 위안을 주는 일이 되었다. 그러한 일 속에서 자기 생각과 감정을 추스르고 안정을 찾을 수 있었다. 그가 언급한 영혼을 진정시키는 힘은 현대의 식물 요법(bromatotherapy, 식물을 기르는 것으로 심신을 치유하는 요법-편집자) 개념을 거의 꿰뚫었던 것처럼 보인다. 루소는 식물들로부터 느끼는 애정이 친구들에서 얻는 애정과 똑같다고 여겼다. 식물을 식용이 아닌, 다른 용도로 사용하려고 관심을 두는 사람들을 비판해야 할 때가 됐다. 이 사람들은 식물을 약품의 주성분으로 보는 약사나 식물 속에 숨어 있는 놀라운 잠재 능력을 평가하려고 평생을 식물 연구에 바쳤으나 결국 성공하지 못한 교수를 위태롭게 한다. 그들은 아마 세상 모든 사람이 식물을 사랑하지 않는다고 생각하는 모양이다.

우리가 미처 몰랐던
식물학자들의 위대한 삶

내가 어릴 적 성탄절 아침에는 산타 할아버지께서 주신 갖가지 선물이 머리맡에 놓여 있었다. 그 중에서 제일 좋은 선물은 뭐니 뭐니 해도 큰 상자 안에 온갖 과자가 가득한 '종합선물세트'였다. 당시엔 귀한 먹거리가 든 상자를 개봉하면서 떨리던 손을 아직 기억한다. 해가 밝아 친구들끼리 만나면 누가 가장 큰 종합선물 세트를 받았는지가 이야기의 주제가 되었다.

이 책을 읽고 제일 먼저 어릴 적 성탄절 아침이 떠오른 이유는 이 책을 가장 잘 설명할 말이 바로 '종합선물세트'이기 때문이다. 조금 덧붙이면 '식물학자들의 종합선물세트'이다. 식물에 관심이 있는 사람, 특히 학생들에게 다양한 맛과 형태를 경험해 볼 수 있는 최고의 책이 될 것이라고 생각했다.

이미 식물에 대한 대중 과학도서를 낸 작가답게 과학자가 범하기 쉬운 일반 대중의 시각을 벗어나버리는 실수를 하지 않는 것이 저자의 가장 큰 장점이다. 그래서 끝까지 재미있게 읽을 수 있다. 식물학자 한 명 한 명의 삶과 족적을 쉬운 문장으로 설명하면서도 이야기의 긴장감을 유지해 재미를 주는 능력이 대단하다. 그렇다고 누구나 알고 있는 이야기를 미화한 것은 아니다. 식물 연구를 오랫동안 한 나도 몇몇 사례는 처음 접하는 이야기였다. 특히, 기존에 잘 알고 있는 위인들이 식물학과 그렇게 깊게 연관되어 있다는 사실에서 새삼 나의 무지를 느꼈다. 대부분의 에피소드가 국내에 소개된 적이 없어 식물과 식물학에 대한 독자의 관심이 한층 높아질 것으로 기대한다.

조금 더 자세히 살펴보면, 책에 소개된 조지 워싱턴 카버와는 나름대로 인연이 있다. 내가 유학한 곳이 미국 앨라배마 주의 오번Auburn이란 도시였다. 앨라배마는 잘 알려진 것처럼 흑인이 인구의 과반을 넘고 남북전쟁 전부터 목화를 주로 재배한 곳으로 많은 흑인 노예의 애환이 서려 있다. 오번에서 차로 30분 정도 떨어진 터스키기Tuskegee라는 작은 도시에 터스키기대학이 있다. 대부분 흑인으로 구성된 도시에 있는 이 대학은 미국 내에서 흑인 대학으로 유명하다. 이곳에 카버가 평생 일했던 실험실이 아직 남아 있다. 나는 학부 1학년 때《땅콩박사》라는 책으로 카버의 삶을 처음으로 접하고 그를 롤모델로 삼았었다. 그로부터 10년 뒤 박사 과정을 시작하며 카버가 일했던 곳을 방문하면서 가슴이 뭉클했다. 공교롭게 박사 과정 2년 동안 나의 연구주제가된 식물은 땅콩과 면화였다. 당시 카버의 노력으로 땅콩은 앨라배마와 조지아 주의 주된 생산품이 되었고 농업 발전에 크게 기여했다(더 자세한 내용은 이 책을 읽어 보시라). 재미있게도 터스키기에서 2시간 남짓 떨어진 곳에 제22대 미국 대통령 지미 카터의 땅콩밭이 있어, '카버가 없었다면 지미 카터도 없지 않았을까?' 하는 상상의 나래를 펼친 적도 있다. 요즘도 매일 아침 학생들과 토스트에 땅콩버터(이것도 카버의 위대한 발명품이다)를 발라 먹으면서가끔씩 카버와 터스키기대학을 생각한다.

괴테, 루소, 다 빈치의 에피소드에서는 흙 속에 묻힌 보물을 발견한 듯했다. 문학가나 철학자, 미술가 정도로만 알고 식물과전혀 무관하다고 생각한 위인들이 식물과 식물학 발전에 중요한열쇠였다는 사실은 신선한 충격이면서 앞으로 학생들에게 두고두고 들려줄 이야깃거리가 되었다. 중·고등학교 때 한 번쯤 들어본 말피기관의 유래가 된 마르첼로 말피기의 생애를 알게 되었고, 너무나 잘 알고 있는 다윈 가문과 식물의 인연에서 요즘 가장관심이 있는 식물 뿌리에 대해 많은 생각을 하게 되었다. 1880년다윈은 아들 프랜시스와 말년에 완성한《식물의 운동력》에서 지금 생각해도 획기적인 '인간의 뇌와 같은 식물의 뇌는 뿌리가 아닐까?' 라는 대담한 가설을 내놓는다. 아직 과학적으로 증명하기는 어려운 면이 많지만, 최신 기술로 식물의 뿌리와 상호작용하는 미생물의 역할이 새롭게 밝혀지면서 135년 전 다윈의 주장에 과학자들이 다시 귀를 기울이고 있다. 사실 뿌리는 땅속에서 보이지 않기 때문에 많은 과학자의 연구주제에서 밀려 있었다. 그래서 '보이지 않는 반쪽The hidden half'이라고 불린다. 다윈의 혜안에 놀라지 않을 수 없다.

힘든 과정을 거치면서 과학에 매진한 과학자의 삶은 나 자신을 비추는 거울과도 같다. 자국민의 식량문제를 해결하기 위해 전국을 돌아다니며 야생종을 수집하고 교배하여 연구했지만 빛을 보지 못한 니콜라이 이바노비치 바빌로프의 삶에서는 보릿고개를 해결하기 위해 통일벼를 개발한 고故 허문회 박사와 우리나라 자생식물의 가치를 미리 알고 전국 산야에서 동의보감을 작성한 허준 선생이 생각났다. 이들이 없었다고 생각하면 아찔하다. 이런 분들이 일반인에게 널리 알려졌으면 한다.

새롭게 조명한 멘델의 삶을 읽으면서 이전에 본 영화가 떠올랐다. 조디 포스터 주연의 1997년 영화《컨택트Contact》는 과학자로 살아가면서 맞닥뜨리는 현실을 보여주는데 개인적으로 느낀 것은 과학자가 가져야 할 중요한 덕목 중에 하나가 '신념'이라는 것이다. 영화는 남이 믿어 주지 않더라도 나만의 신념을 가지고 지속해서 노력할 때 꿈을 이룰 수 있다는 내용인데, 현실 세계에서 이를 정확하게 실현한 이가 멘델이다. 누구도 관심이 없었고 심지어 무시한 일을 평생 하기란 생각만큼 쉬운 일이 아니다. 나 자신만 봐도 그렇다. 내가 세운 가설을 다른 사람이 무시할 때 드는 상실감은 생각보다 크다. 이를 극복하는 연구자가 늘 부러 웠는데 멘델의 이야기는 마음을 다시 다잡는 계기가 되었다.

나와 친한 동료 중에 마틴 하일Martin Heil이라는 독일인이 있 다. 2000년 그리스에서 열린 학회에서 처음 만났으니 벌써 인연 을 맺은 지 15년이 넘었다. 당시 마틴은 대학원생으로 개미와 식 물 상호작용을, 나는 세균과 식물 상호작용을 연구하고 있었다. 그와 친해지면서 농담 삼아 파브르도 아니고 개미를 연구해서 어 떻게 직업을 구할 수 있을 것이냐며 그를 놀렸던 일이 기억난다. 나에게 보여주기라도 하듯이 마틴은 개미-식물 상호작용 분야 에서 세계적인 대가가 되었다. 독일인이지만 연구를 위해 멕시코 의 세계적인 생태 연구소에서 개미와 공생하는 아카시아 나무를 연구한다. 그가 언젠가 한국에 왔을 때 가장 존경한다고 이야기 한 인물이 바로 페테리코 델피노였다. 이 책에서 그 이름을 다시 듣게 되어 반가웠다. 델피노의 이야기를 읽으면 "자연은 생각했 던 것 보다 훨씬 복잡하다."라고 말했던 마틴이 새삼 떠오른다.

지금까지 과학계에서 식물학 분야와 식물학자의 삶은 잘 조명되지 않았다. 그래서인지 일반인이 식물학자의 삶을 접할 기회는 거의 없었다. 이 책은 우리가 몰랐던 식물학자의 생애와 위대한 업적을 한 권으로 접하는 신선한 기회를 제공할 것이다.

나는 이 책의 저자 스테파노 만쿠소가 편집자로 있는 식물행동학회Society of Plant Signaling and Behavior에서 발행하는 《식물 신호 및 행동Plant Signaling and Behavior》이라는 특이한 잡지에 논문을 몇 편 낸 경험이 있고, 비슷한 주제의 연구를 한다. 이 잡지는 '식물도 지적 생명체다'라는 화두 아래 다양한 각도에서 일반인과 과학자를 대상으로 노력한다. 이 책을 감수하며 저자에게서 대한민국 독자에게 특별히 전하는 메시지를 전달받아 여기에 소개한다.

이 책은 첫 저작 《빛나는 녹색Brilliant Green》의 전주에 해당하는 책입니다. 많은 아이디어가 그 책에도 나옵니다. 저는 식물이 아주 복잡한 생명체라는 관점에서 연구합니다. 이 책에서는 식물도 서로 이야기하고 정밀한 방어 체계를 갖추고 사회적 관계를 맺는다는 것을 보여주고 싶었습니다. 이러한 식물의 세계를 연구한 인물들이 이 책에 등장합니다. 인간도 자연의 한 부분으로서 다른 생명체와 공존해야 한다는 통합적 관점을 지닌 사람들입니다. 식물의 멸종을 체계적으로 연구하는 것만으로는 현대 사회의 문제를 해결하기 역부족일 것입니다. 지속가능한 생산, 기후변화, 생명체의 멸종 같은 문제를 넓은 관점으로 바라봐야만 제대로 대처할 수 있을 것입니다. 제가 인본주의의 발생지인 이탈리아 플로렌스 지역(피렌체)에 살고 있기 때문인지는 모르지만, 아는 지식을 총동원해서 이 세계의 모든 생명체와 어떤 관계를 맺으면서 살아야 하고, 인간의 역할이 무엇인지 다시 한 번 생각하고 있습니다.

이 책에서 다루는 인물은 다양합니다. 식물 관련 분야에서 이미 매우 유명한 인물도 있지만 전혀 알려지지 않은 인물도 있습니다. 모나리자를 그린 레오나르도 다 빈치는 유명합니다. 하지만 많은 이가 그를 르네상스 시대의 천재 공학자로만 알고 있습니다. 저는 그가 식물학에 대단한 공헌을 했다는 사실을 극히 소수만이 안다는 것이 안타까웠습니다. 조지 워싱턴 카버는 미국에서는 식물학자로 이미 유명하지만, 미국을 제외한 나라에서는 거의 알려지지 않았습니다. 식물학을 전공한 과학자조차 잘 모르는 인물도 있습니다.

끝으로 이 책을 감수하며 많은 의견과 감상을 나누었던 실험실의 정준휘 학생에게 고마움을 전한다.

이 책을 감수하면서 느꼈던 많은 감동과 새로운 정보가 나만이 아닌 모든 독자의 것이 되었으면 한다. 내게 이 책이 종합 선물세트인 것처럼 독자에게도 맛있는 선물상자로 다가갔으면 좋겠다.

골라 먹는 재미를 느껴 보시기를….

2016년 대전에서

류충민